Die Gestaltung und Berechnung von Rauchgasvorwärmern
(Economisern)

Von

Dr.-Ing. Lothar Possner

Mit 117 Textabbildungen, 20 Zahlentafeln
und zahlreichen Rechnungsbeispielen aus der Praxis

Berlin
Verlag von Julius Springer
1929

Reprint of the original edition **1929**

ISBN-13:978-3-642-90260-4 e-ISBN-13:978-3-642-92117-9
DOI:10.1007/978-3-642-92117-9

Vorwort.

Auf allen Gebieten technischen Schaffens herrscht zur Zeit eine angestrengte Tätigkeit. Der verlorene Krieg, die Wiedereroberung der ausländischen Märkte und die verstärkte Konkurrenz sind die Haupttriebfedern hierzu. Ein Gebiet, das in den Nachkriegsjahren ganz besonders gefördert worden ist, ist das des Vorwärmerbaues. Gerade so wie durch die Steigerung der Betriebsdrücke neue Kesseltypen entstanden sind, so mußte man auch darauf bedacht sein, den Vorwärmer für die neuen Aufgaben der Dampftechnik umzugestalten. Unter den Versuchen, eine geeignete Bauart für höhere und höchste Betriebsdrücke herauszubringen, ist die Einführung des Rippenrohrvorwärmers einer der erfolgreichsten gewesen. Die Sicherheit der neuen Anlagen erforderte die Anwendung besserer Materalien als bisher, ein Grund dafür, daß der Veredelung des Gußeisens mehr Aufmerksamkeit geschenkt wird. Aber nicht nur die Hersteller lenkten ihre Aufmerksamkeit auf eine Verbesserung der Vorwärmer, sondern auch die Verbraucher nehmen durch ihr starkes Interesse an den Fortschritten mit teil. Interessant in dieser Hinsicht ist das im Anhang wiedergegebene Studienprogramm der Vereinigung der Großkesselbesitzer e. V.

An Darstellungen über den Vorwärmer fehlt es in der Literatur nicht. Aber es fehlt an einem Buche, das einen Einblick in die Werkstatt des projektierenden Ingenieurs gibt, zu vielen interessanten Problemen Stellung nimmt und zeigt, was heute alles zur Berechnung eines selbst so einfachen Apparates gehört. Der Zusammenwirkung mit dem Kessel wird hierbei besondere Aufmerksamkeit geschenkt. In den Kreis der Betrachtungen wurde auch der Luftvorwärmer gezogen, soweit es erforderlich schien. Da es heute nicht mehr möglich ist, jedes auf dem Büchermarkte erscheinende Buch von A bis Z durchzuarbeiten, wurde darauf Bedacht genommen, den Stoff möglichst in eine Reihe selbständiger Kapitel aufzuteilen. Kleine Wiederholungen waren dabei notwendig. Durch vielfach zusammenhängende Zahlenbeispiele sollen die gebrachten theoretischen Darlegungen noch weiter vertieft, ihre Verwendung in der Praxis gezeigt und durch Übernahme einiger Zahlenbeispiele aus anderen Werken soll eine Brücke zu diesen geschlagen werden.

Für die Leser, die weniger in der Anwendung von Formeln zu Hause sind, sind eine Anzahl in der Praxis bewährter Nomogramme beigegeben, und zwar wurde hierbei nur von der Flächennomographie Gebrauch gemacht, weil diese sich nicht so weit von der gewöhnlichen graphischen Darstellung der Funktionsverhältnisse entfernt und nur von dem logarithmischen Maßstab Gebrauch macht.

Wenn sich das Buch als Spezialwerk auch nicht direkt an die studierende Jugend wendet, die zunächst für Kraftmaschinen, Automobile, Flugzeuge usw. mehr Interesse aufbringt, als für einen im verborgenen Winkel einer Kesselanlage stehenden Vorwärmer, so soll es doch dieser zeigen, daß hier auch Probleme zu lösen sind, die an Reiz gegenüber anderen Gebieten der Technik nicht nachstehen.

Für die Ausstattung hat in gewohnter Weise die Verlagsbuchhandlung aufs beste gesorgt. Den Firmen, die durch Bereitstellung von Unterlagen den ersten Teil des Buches erst würdig ausgestalten halfen, sei hiermit der gebührende Dank ausgesprochen. In der Hoffnung, daß das Buch seinen Zweck erfüllt, sei an die benutzenden Fachgenossen die Bitte gerichtet, ihrerseits durch zweckdienliche Mitteilungen an der Vervollkommnung des Werkes mitzuarbeiten.

Mannheim-Neckarau, im Juli 1929.

Der Verfasser.

Inhaltsverzeichnis.

Berichtigung.

Betrifft S. 38, Abbildung 59: Schliffbild vom Elektroguß entstammt nicht einem Rippenrohr der Deutschen Hochdruck-Economiser G. m. b. H., Mannheim, sondern einem Probeklotz von 150 mm Durchmesser und befindet sich zum erstenmal abgedruckt in einem Vortrag des Herrn Dipl.-Ing. Erbreich über „Elektrograuguß des Eisenhütten- und Emaillierwerks Tangerhütte" (Band III der Veröffentlichungen des Zentralverbandes der Preußischen Dampfkesselüberwachungsvereine E. V.). Da die Vergrößerung dieses Schliffes sehr viel stärker ist als die der Abbildungen 56, 57 und 58, ist ein direkter Vergleich mit dem in diesen Schliffen wiedergegebenen Material (Föge, Hannover) nicht angängig.

A. Die Gestaltung des Rauchgasvorwärmers.

a) Allgemeines.

Der Gedanke, das Speisewasser von Dampfkesseln durch die Abgase vorzuwärmen, stammt aus England, wo Green den Rauchgasvorwärmer (Economiser) von ganz primitiven Anfängen bis zu der heutigen, nach ihm benannten Vorwärmerkonstruktion entwickelt hat. Lange Zeit beherrschte die Greensche Bauart den Weltmarkt, bis durch Einführung des Rippenrohrvorwärmers durch Kablitz das Monopol Greens gebrochen wurde. Seitdem befinden sich diese beiden Vorwärmerbauarten in scharfem Wettbewerb, und die Erfolge des Rippenrohrvorwärmers in den letzten Jahren deuten darauf hin, daß die Vorwärmerbauarten in Anlehnung an die Greensche Konstruktion immer mehr verschwinden werden, und dafür der den modernen Bestrebungen im Dampfkesselbau entgegenkommende Rippenrohrvorwärmer zur Verwendung gelangt.

Die Gestaltung der Speisewasservorwärmer besteht eigentlich nur in dem verschiedenartigen Zusammenbau der Grundelemente, Register und Sammelrohre oder Rippenrohre, Krümmer und Sammelrohre. Diese Grundelemente bildet jede Firma mehr oder weniger verschieden konstruktiv durch. Versuche, eine einheitliche Vorwärmerkonstruktion hervorzubringen, haben nicht den gewünschten Erfolg gehabt. Zudem sind einzelne Konstruktionsteile patentiert und jede Firma ist selbstverständlich auf die ihr patentierte Konstruktion eingeschworen.

Als weitere Ausrüstungsteile des Vorwärmers sind noch zu erwähnen

Sicherheitsventil,
Ablaßventil,
Manometer,
Thermometer für das Wasser und gegebenenfalls
Thermometer für die Rauchgase.

Bei Vorwärmern, bei denen sich leicht Luftblasen bilden können, ist die Anbringung eines Entlüftungsventils am Platze, und zwar an der höchsten Stelle, weil dort die Luftblasen sich ansammeln. Die sonstigen Nebenteile wie Einsteigetüren, Fuchsdrehklappen usw. gleichen den im Kesselbau üblichen. Die Speisewasserleitung muß so geführt werden, daß ein direktes Speisen möglich ist. Auch die Rauchgase müssen durch einen Umgehungsfuchs oder Leerfuchs direkt nach dem Schornstein abgeführt werden können, damit beim Anheizen im Vorwärmer kein Dampf entstehen kann. Bei einer Reparatur des Vorwärmers ist die Ausschaltung des Wassers und der Rauchgase ebenfalls notwendig.

Es wird zunächst unsere Aufgabe sein, die verschiedenen Konstruktionen vorzuführen.

b) Vorwärmerkonstruktionen.

Wir beginnen mit der ältesten und verbreitetsten, der Greenschen Konstruktion selbst und deren Nachahmungen. Diese Konstruktion bezeichnet man zuweilen auch als Schabereconomiser, weil die äußere

Abb. 1. Glattrohrvorwärmer beim Einbau (Vereinigte Economiser-Werke G. m. b. H., Düsseldorf und Freital).

Reinigung der Rohre durch sog. Schaber oder Kratzer geschieht. Im Prinzip werden gewöhnlich vier, sechs, acht, zehn oder zwölf Rohre zusammen in einem sog. Register vereinigt. Die Vereinigung geschieht derart, daß die Rohre an beiden Enden konisch abgedreht werden und in entsprechende Bohrungen eines Ober- und Unterkastens eingepreßt werden. Sie gelangen in einem entsprechend ausgeführten Gasraum senkrecht zur Aufstellung. Die Rohrlängen betragen bei Green

2750 mm	3500 mm
3050 „	4000 „
3350 „	

Der Rohrabstand in den Registern mißt 203 mm, und die Register gelangen derart nebeneinander zur Aufstellung, daß die Registermitten 184 mm voneinander entfernt sind. Hinter den Registern läßt man gewöhnlich einen freien Gang von 250 bis 500 mm Breite, um zu den einzelnen Registern gelangen zu können. Oft werden die Rohre abwechselnd auf den Zwischenraum eines vorhergehenden Registers gestellt, um

Abb. 2. Schaberantrieb für Glattrohrvorwärmer (Vereinigte Economiser-Werke G. m. b. H., Düsseldorf und Freital).

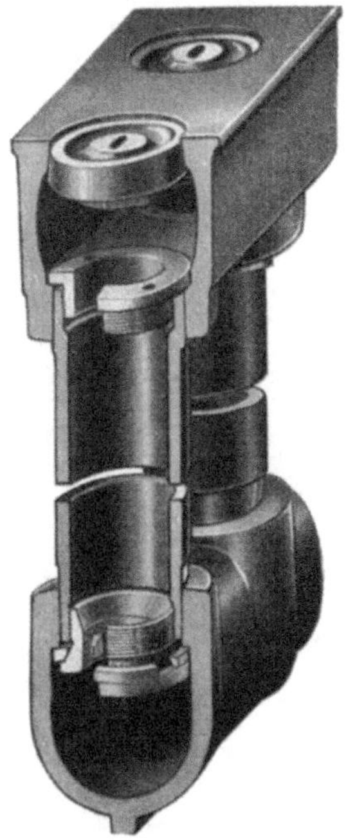

Abb. 3. Rohrverankerung von Glattrohrvorwärmern für höhere Drücke (Vereinigte Economiser-Werke G. m. b. H., Düsseldorf und Freital).

Abb. 4. Hydraulische Presse zum Einpressen der Glattrohre in die Ober- und Unterkästen (Vereinigte Economiser-Werke G. m. b. H., Düsseldorf und Freital).

einen besseren Wärmedurchgang zu erzielen. Die Rauchgase streichen gewöhnlich senkrecht zur Rohrachse durch solche Economiser hindurch und werden durch die versetzte Rohranordnung stark durchgewirbelt. Eine Folge hiervon ist ein verhältnismäßig starker Druckverlust in den Rauchgasen, d. h. Zugverlust. Eine noch bessere Wärmeübertragung ergibt sich dann, wenn die Rauchgase parallel zu den Rohrachsen geführt werden. Da hierbei gewöhnlich der freie Rauchgasquerschnitt durch die Unterkästen stark verengt wird, so daß hierbei auf ein Rohr nur 0,01 qm kommt, werden abwechselnd kürzere Register angeordnet, und es erhöht sich hierbei der freie Rauchgasquerschnitt pro Rohr auf 0,02 qm.

Abb. 5. Glattrohrvorwärmer ohne Einmauerung, Verkleidung abnehmbar (Vereinigte Economiser-Werke G. m. b. H. Düsseldorf und Freital).

Die Art der Befestigung der Rohre in den Kästen ist natürlich für hohe Dampfdrücke wenig geeignet, und man war bemüht, hierfür andere Verbindungen zu schaffen. Da man neuerdings zu immer höheren Drücken übergeht, genügen selbst solche besonders verankerten Rohre nicht mehr. Für unverankerte Rohre werden 19 Atm und für verankerte Rohre 37 Atm als obere Grenze angegeben[1].

Die äußere Reinigung geschieht, wie schon erwähnt, durch mechanisch auf- und abbewegte Schaber oder Kratzer, auch Schraper genannt. Der Antriebsmechanismus ist über den Registern angeordnet, und die Schaber hängen an Ketten, die durch Öffnungen in der oberen Abdeckung hindurchgeführt werden. Der Kraftbedarf soll für hundert Rohre nicht mehr als 0,5 PS betragen. Der Antrieb geschieht entweder durch einen besonderen Elektromotor oder durch Verbindung mit der Transmission. Die Wirksamkeit dieser Reinigungsvorrichtung wurde jahrelang als genügend angesehen, obwohl oftmals Störungen vor-

[1] Siehe Veröffentlichungen des Zentralverbandes der Preußischen Dampfkessel-Überwachungs-Vereine E. V. 3. Band. Halle a. d. S. Selbstverlag.

kamen und dadurch überhaupt eine Reinigung zeitweise nicht möglich war. Im Laufe der Zeit mußten sich durch das dauernde Auf- und Abgleiten die Kratzer abnutzen, und die Folge davon war, daß sich mit der Zeit eine festpolierte Rußschicht bildete, die naturgemäß den Wärmedurchgang stark beeinträchtigte. Man ist daher zuweilen dazu übergegangen, diese mechanische Kratzvorrichtung ganz wegzulassen und dafür Rußbläser einzubauen, wie sie neuerdings zwischen den Siederohren von Dampfkesseln angeordnet werden. Diese Rußbläser bestehen aus einem mit Düsen versehenen Rohr, das im Mauerwerk drehbar gelagert ist und eine hin- und hergehende Bewegung ausführt. Dem Rohr wird Druckluft oder Heißdampf zugeführt, und durch die Düsen wird erreicht, daß die Druckluft oder der Heißdampf mit

Abb. 6. Rippenrohreconomiser „Patent Kablitz", kombinierter Wasser- und Lufteconomiser mit automat. Rußbläser (horizontale Anordnung).

einem kräftigen Strahl gegen die zu reinigenden Rohre geblasen wird. In den Fällen, in denen eine stark rußende Kohle verbrannt wird, kann diese Art der äußeren Reinigung ebenfalls als nicht genügend angesehen werden. Es soll hierbei gleich darauf hingewiesen werden, daß aus konstruktiven Gründen Rippenrohrvorwärmer keine mechanische Kratzvorrichtung erhalten können, sondern nur mit Druckluft oder Dampf abgeblasen werden können. Der Foster-Economiser wird in Amerika mit einer über den Vorwärmerrohren angebrachten Brause mit Wasser abgewaschen. Diese Reinigung verlangt eine gute nachträgliche Trocknung wegen der bestehenden Rostgefahr. Auch darf die äußere Verschmutzung noch nicht weit fortgeschritten sein, da sonst der Zweck der Reinigung nicht erreicht werden könnte und in das Gegenteil verkehrt würde. Unter dem Vorwärmer wird der Schlamm durch Rohre abgeführt.

Der älteste Rippenrohrvorwärmer stammt von der Firma Richard Kablitz in Riga. Während Green und seine Nachahmer die Rohrregister in einem meist über dem Fußboden befindlichen Gasraum aufstellen, ordnet Kablitz seine 2 m langen Rohre in einzelnen Gruppen hängend in dem unter dem Fußboden befindlichen Fuchs an. Zwei Rohre werden durch eine Wasserkammer im Gasraum miteinander verbunden, so daß das Wasser in einem Rohre nach unten und in dem nächsten wieder nach oben geführt werden kann. Die Rohre werden mit vier einzölligen Schrauben mit den Wasserkammern verbunden. Die Abdichtung geschieht durch Klingerit oder Metall.

Abb. 6a. Rippenrohreconomiser „Patent Kablitz" (vertikale Anordnung), ein herausgehobenes Element à 45 qm.

Am oberen Wasserverteilkörper, der gleichzeitig die Abdeckplatte und den Tragkörper bildet, sind die neun Rippenrohre um die selbstschließenden Ausblaselucken so verteilt, daß das Wasser an einem Ende eintritt und am anderen wieder austritt. Das Abblasen erfolgt automatisch durch einen Dampfrechen, der oberhalb des Economisers elektromotorisch bewegt wird. Nach Angaben der Firma Kablitz kann das Herausziehen eines Elementes jederzeit ohne Betriebsstörung zwecks Besichtigung und innerer und äußerer Reinigung erfolgen. Bei Economisern über 15 atü Betriebsdruck werden die Rippenrohre als Sackrohre ausgebildet, in die nach Art der Fieldrohre Einsatzrohre eingeführt sind, die die Wasserführung regeln sollen.

Die Firma Kablitz baut auch horizontale Rippenrohreconomiser und es werden für die Lagerung der Rippenrohre besondere Wände benötigt. Neuerdings versieht die Firma Kablitz die Rippenrohre innen ebenfalls mit Rippen und verwendet sie so zur Vorwärmung von Luft. Die Abb. 6 zeigt den Zusammenbau von Economiser- und Luftvorwärmerrohre zu einem einheitlichen Block.

In Deutschland wurde der Rippenrohreconomiser erst durch die Firma Dipl.-Ing. Heinrich Föge in Hannover eingeführt. Es entschlossen sich nach Föges Erfolgen auch andere Economiserfirmen dazu, Rippenrohrvorwärmer zu bauen. Seitdem haben wir in Deutschland neben solchen Firmen, die nur Rippenrohreconomiser bauen, auch solche, die noch Schabereconomiser in ihrem Fabrikationsprogramm haben. Das letztere ist deshalb möglich, weil noch eine

Menge Anlagen mit Schabereconomisern bestehen, für die noch Ersatzteile beschafft werden müssen. Es werden auch noch neue Schabereconomiser aufgestellt. Es soll hierbei nicht der Schabereconomiser völlig abgetan werden. Er hat während vieler Jahrzehnte gute Dienste getan und wird dies auch noch bei Drücken unter 20 Atm weiter tun. Eine moderne Hochdruckanlage kann jedoch ohne Rippenrohrvorwärmer oder schmiedeeiserne Vorwärmer nicht erstellt werden. Diese fügen sich in die neuen Kesselkonstruktionen viel besser ein als der althergebrachte Schabereconomiser.

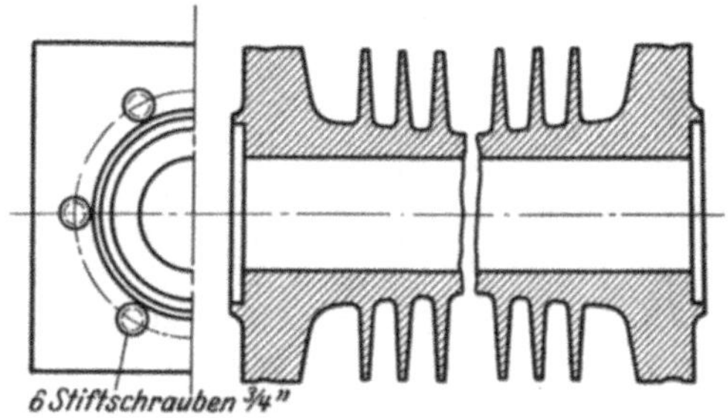

Abb. 7. Rippenrohr für 50—80 at Druck (Dipl.-Ing. Föge, Hannover).

Die Firma Föge verwendet für ihre Vorwärmer Rippenrohre mit runden Rippen und quadratischen Endflanschen. Die Rohre werden horizontal übereinander gelagert, wobei die quadratischen Flanschen den Gasraum nach außen hin abschließen. Die Flanschen haben in ihren Auflageflächen Nuten, in die ein Dichtungskitt eingefügt wird, wodurch ein völliger Abschluß nach außen gewährleistet wird. Die in einer Ebene übereinander liegenden Rohre werden außerhalb des Gasraums durch Doppelkrümmer derart verbunden, daß das Wasser beim Durchgang nur durch einen Rohrquerschnitt fließen kann. Da der lichte Rohrdurchmesser nur 64 mm beträgt, so ist man gezwungen, die gesamte Wassermenge durch mehrere solcher nebeneinander liegender Rohrschlangen gleichzeitig hindurchzuführen. Das Wasser wird mittels eines Sammelrohres auf die Rohrschlangen verteilt und ebenso in einem Sammelrohr am Austritt derselben wieder vereinigt. Die Fögeschen Vorwärmer eignen sich ganz besonders für die Unterbringung in horizontalen Gasströmen wie normalerweise die Greenschen Vorwärmer eingebaut wurden.

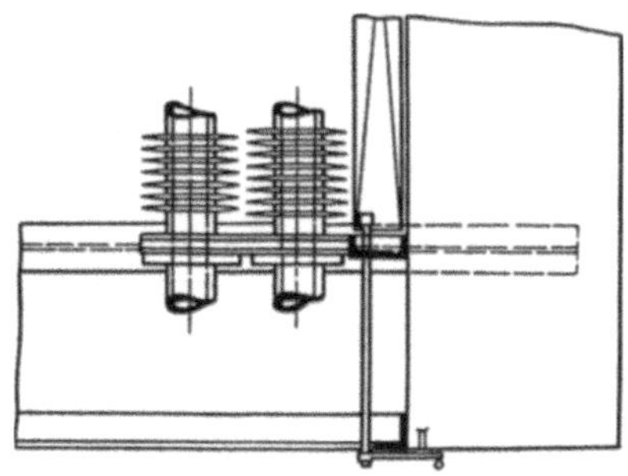
Abb. 7a. Rahmen für Rippenrohre mit Deflektoren (Dipl.-Ing. Föge, Hannover).

Nach Mitteilung der Firma Föge haben die von dieser Firma verwendeten Rippenrohre folgende Konstruktionsdaten:

Länge 1,5 m, 2,0 m, 2,5 m.

Quadratische Endflanschen 180 mm, 210 mm, 220 mm.

Rippenabstand 20 mm, 30 mm, 40 mm.

Rippenstärke am Kopf 2,5 bis 3,0 mm, am Grunde 6 bis 7 mm.

Rippenhöhe 45 mm.

Wandstärke 10 bis 12 mm.
Rohrdurchmesser 60 bis 64 mm.
Schrauben 4 bzw. 6 Stück $^3/_4''$ bzw. $^7/_8''$ je nach Druck.

Stirnabstände in Richtung des Gasstromes 0 bzw. 30 mm, senkrecht dazu 30 bis 40 mm.

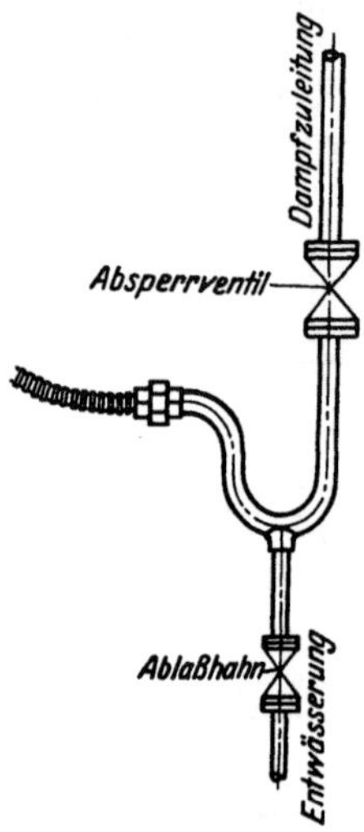

Abb. 8. Entwässerung für Dampf-Rußbläser (Dipl.-Ing. Föge, Hannover).

Die Deutsche Hochdruck-Economiser-Gesellschaft m. b. H. Mannheim geht mit ihrer Konstruktion Patent Stierle ähnliche Wege. Der lichte Durchmesser dieser Rippenrohre beträgt 97 mm. Sie werden ebenfalls beim Zusammenbau auf der Baustelle horizontal zueinander gelagert. Die ebenfalls quadratischen Endflanschen haben jedoch in ihrer Auflagerfläche keine Nute, und die Abdichtung des Gasraums wird durch eine zwischen die Flanschen gelegte angefeuchtete Asbestschnur sichergestellt. Die Rohre werden horizontal miteinander außerhalb des Gasraums durch Doppelkrümmer verbunden. Die Verbindung der horizontalen Rohrschlangen unter sich geschieht ebenfalls wieder durch Doppelkrümmer, so daß nach erfolgter Montage sämtliche Rohre eine einzige, gewissermaßen zusammengefaltete Rohrleitung bilden. Der lichte Durchmesser von 97 mm ist groß genug, daß selbst bei großen Heizflächen kein allzu großer Druckverlust entsteht. Bei großen Kesseleinheiten teilt man die Heizfläche so ein, daß das zu erwärmende

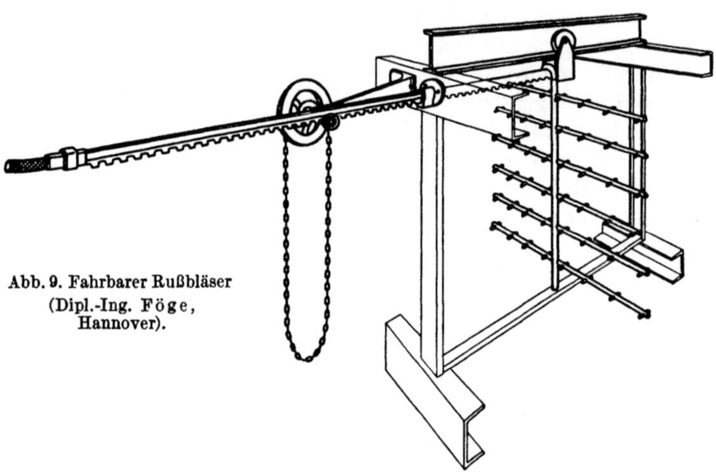

Abb. 9. Fahrbarer Rußbläser (Dipl.-Ing. Föge, Hannover).

Speisewasser durch zwei oder drei solcher parallel geschalteter, selbständiger Vorwärmergruppen geführt wird. Das Wasser kann dabei eine Geschwindigkeit bis zu 0,8—1,0 m/s erreichen, und der Druckverlust beträgt selten über 1 Atm. Meist konnte jedoch mit normalen

Manometern ein Druckverlust kaum gemessen werden. Die Rippen der Stierleschen Konstruktion sind quadratisch ausgeführt und haben wie

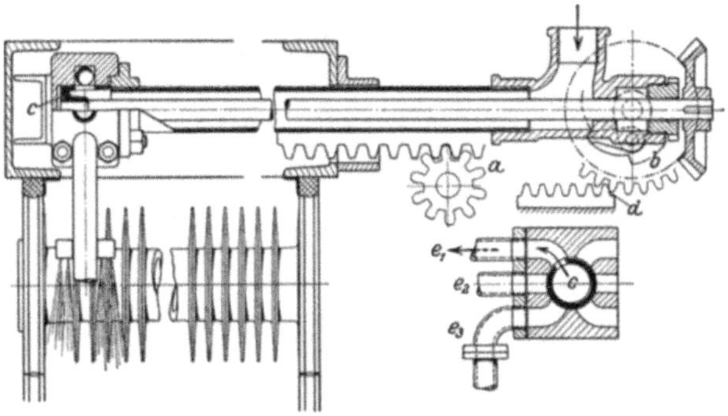

Abb. 10. Einrohrrußbläser (Dipl.-Ing. Föge, Hannover).
Durch den Drehschieber c werden die Blaserohre e_1, e_2 usw. nacheinander mit Dampf versorgt. Die Düsenrohre werden durch das Ritzel a hin- und herbewegt. Durch das Triebwerk b und den Anschlag d wird der Schieber c betätigt.

bei Föge trapezförmigen Querschnitt. Es wird durch die quadratische Rippenform erreicht, daß die Rippenköpfe praktisch genommen zusammenstoßen und dadurch zahlreiche in sich geschlossene Gasräume entstehen. Die Rauchgase können infolge der meist hohen Geschwindigkeit nicht von dem einen in den anderen Raum gelangen und sind gezwungen, in Teilströmen durch den Economiser zu streichen. Aus der Wasserführung ergibt sich die diesem Vorwärmer eigentümliche Gasführung von oben nach unten oder von unten nach oben. Zwecks Durchführung der reinen Gegenstromschaltung wird entsprechend das Wasser unten oder oben eingeführt. Anstände wegen der Wasserführung von oben nach unten haben sich bei ca. 35 Anlagen dieser Art nicht gezeigt.

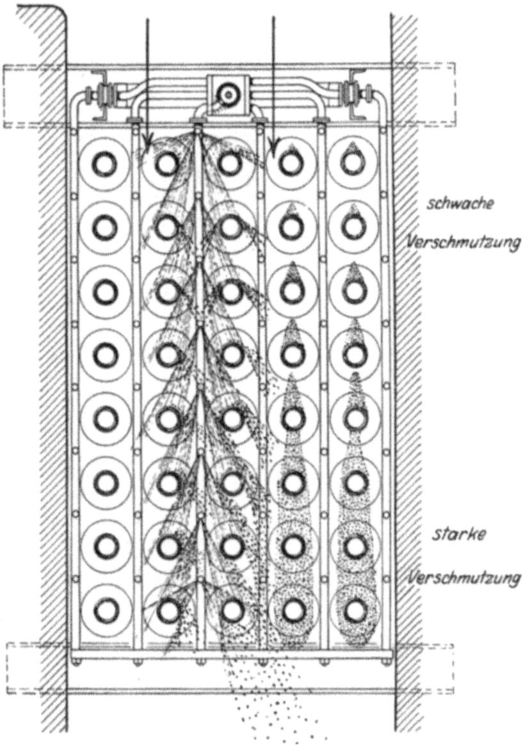

Abb. 11. Wirkungsweise des Einrohrrußbläsers.

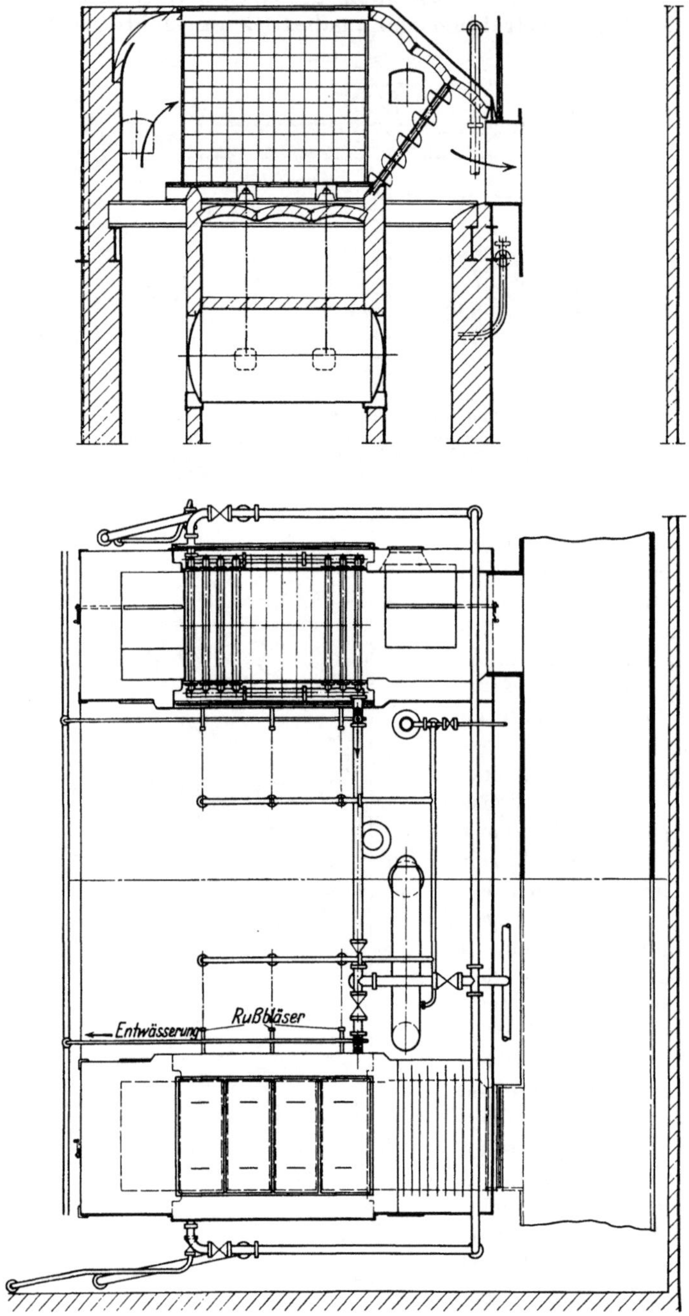

Zu Abb. 12.

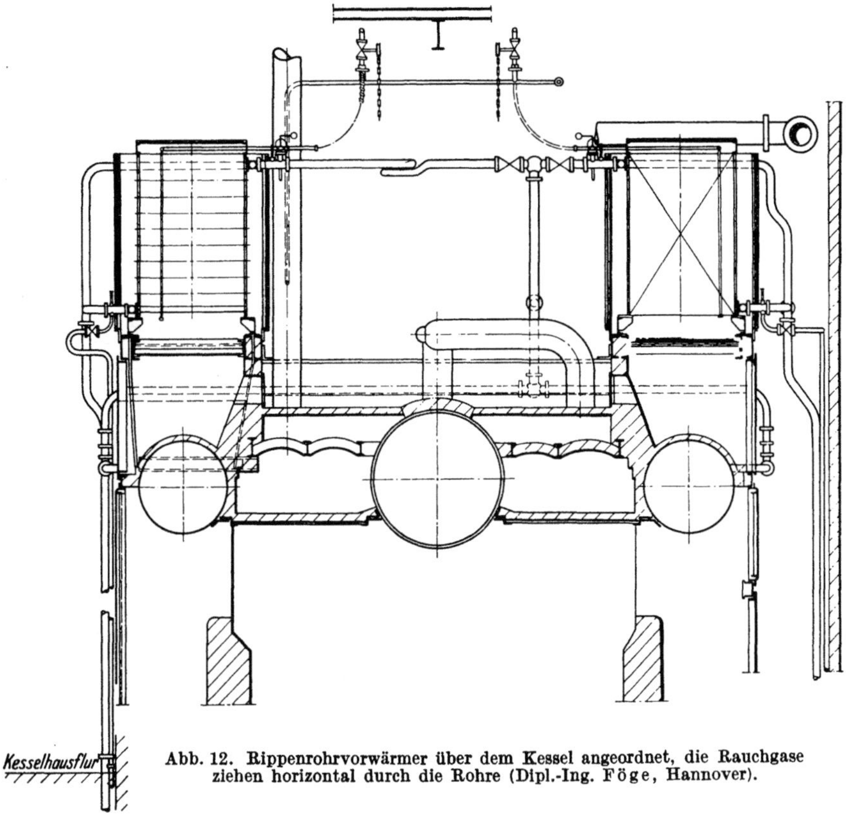

Abb. 12. Rippenrohrvorwärmer über dem Kessel angeordnet, die Rauchgase ziehen horizontal durch die Rohre (Dipl.-Ing. Föge, Hannover).

Quadratische Rippenform hat auch der Rippenrohrvorwärmer der Vereinigten Economiser-Werke Düsseldorf und Freital i. S., nur stoßen diese nicht zusammen, da dies die Wärmeleistung nach einer Mitteilung der V.E.W. bei gewöhnlicher Führung des Gasstroms durch das Rohrsystem nicht begünstigt, die Wartung aber erschwert. Die ebenfalls horizontal gelagerten Rohre werden in der Werkstatt auf genaue Länge bearbeitet und durch Sammelrohre zu einzelnen Registern fix und fertig zusammengestellt zum Versand gebracht. Es entsteht dadurch ein Register ähnlich der Greenschen Konstruktion. An Stelle des Ober- und Unterkastens treten hier die Sammelkästen. Zwecks besserer innerer Reinigung haben die Sammelkästen vor jedem Rohr Reinigungsstutzen, die mit einem Deckel verschlossen werden. Ein Loch zu Reinigungsarbeiten ist nicht erforderlich, ein Auswechseln einzelner Bestandteile des Economisers sehr bequem. Die Register werden am Wassereintritt abermals durch Sammelkästen verbunden, ebenso am Wasseraustritt. Durch die Sammelkästen wird das Wasser in so viele Teilströme zerlegt, als Rohre in der betreffenden Gruppe vorhanden sind, ganz ähnlich den schon seit Jahrzehnten üblichen Schaltungen der

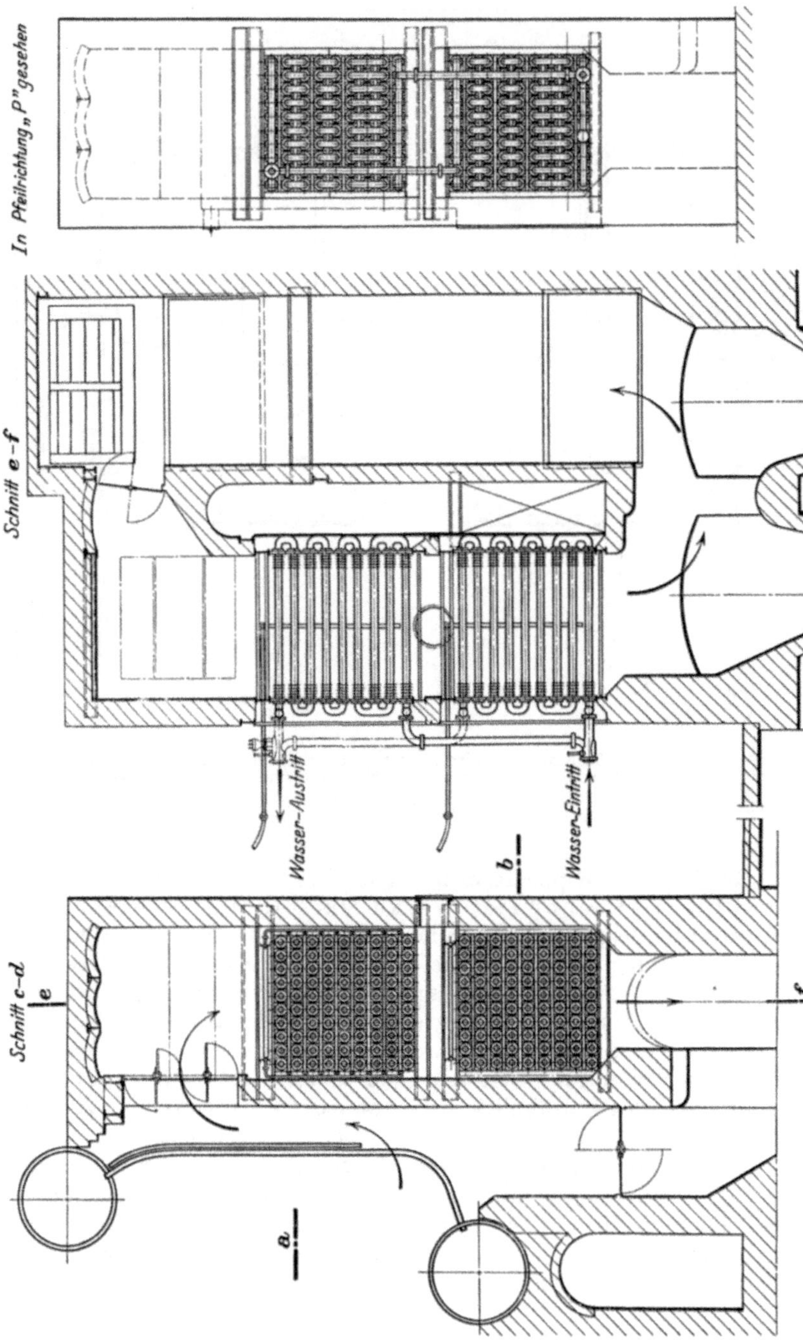

Abb. 13. Rippenrohrvorwärmer der Firma Föge, Wärmefang, Hannover. Der Vorwärmer ist in der Höhe unterteilt, jede Gruppe erhält kaltes Wasser.

Glattrohrtype. Es können so sich an manchen Stellen Luftblasen ansammeln und, wenn die Wasseraufwärmung hoch ist, auch Dampfblasen. Letztere sind aber die Ursachen für entstehende Wasserschläge, wodurch das Vorwärmermaterial hoch beansprucht wird und Brüche herbeigeführt werden können. Da die Register schon fix und fertig an der Baustelle ankommen, gestaltet sich die Montage kurz und einfach, ganz besonders noch dann, wenn das den V.E.W. geschützte Rahmengerüst mitgeliefert wird. Die Abmessungen der Lufterhitzer dieser Firma sind im Einklang mit den Vorwärmermaßen gewählt, so daß der Zusammenbau von Vorwärmer und Lufterhitzer in organischer Form möglich ist. Die V.E.W. führen ihre Vorwärmer in sämtlichen üblichen Schaltungen aus.

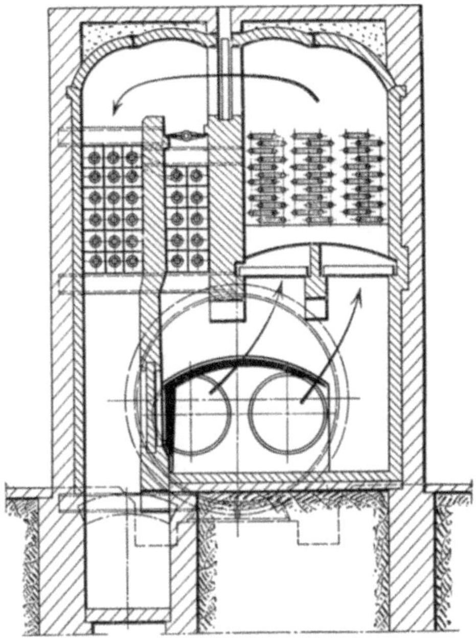

Abb. 14. Überhitzer und Rippenrohrvorwärmer hinter einem isolierten Flammrohrkessel. (Deutsche Hochdruck-Economiser-Gesellschaft m. b. H., Mannheim.)

Von mehreren Vorwärmerfirmen wird auch ein sog. Verbandsrippenrohr auf den Markt gebracht, das ebenfalls quadratische Rippen besitzt. Das Rohr hat 80 mm lichten Durchmesser. Hergestellt werden diese Vorwärmer hauptsächlich von den Firmen L. & C. Steinmüller, Gummersbach, und von den Vereinigten Economiser-Werken m. b. H. Düsseldorf und Freital. Das Rippenrohr der Firma Steinmüller, Gummersbach, hat mit dem sog. Verbandsrippenrohr den lichten Durchmesser und die

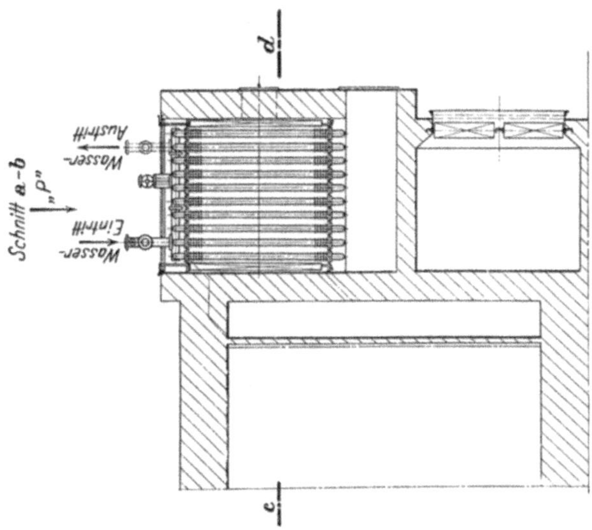

Zu Abb. 13.

Rippenteilung gemeinsam und ist bezüglich der übrigen Durchkonstruktion von ihr selbst entwickelt worden. Die Rippen sind quadratisch und an den Ecken soweit abgerundet, daß ein Düsenrohr ihres Ruß-

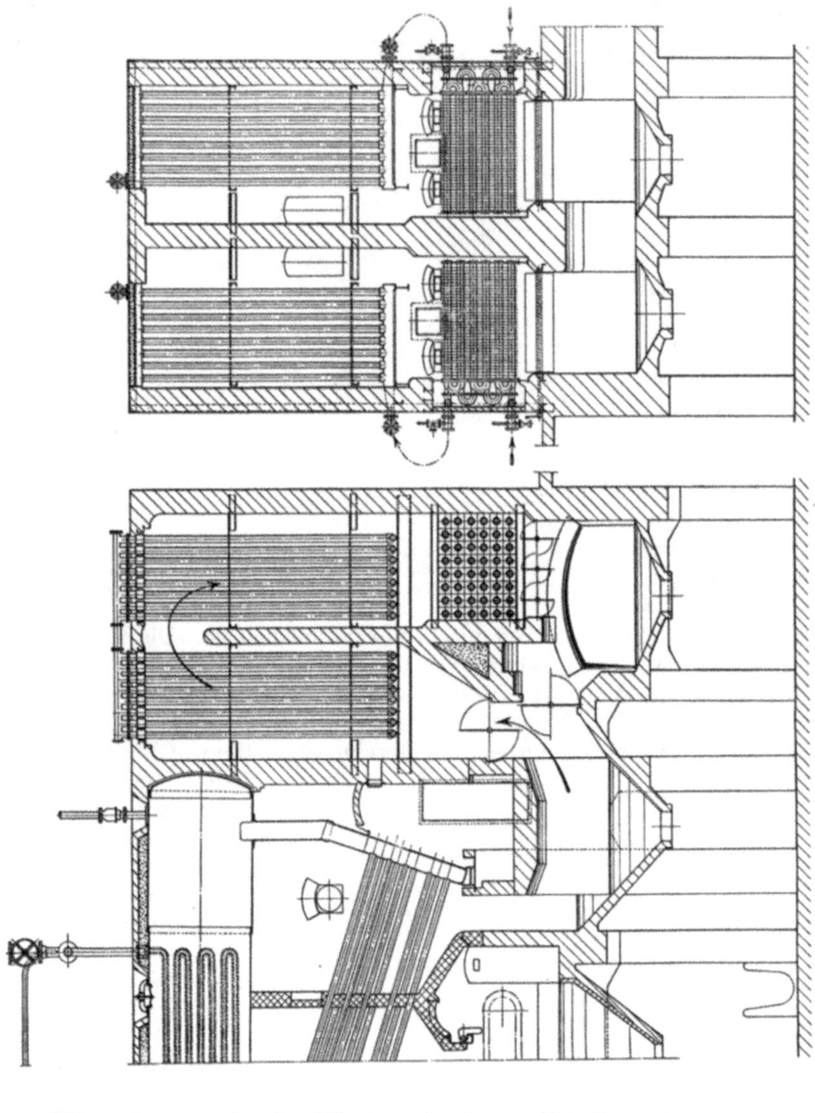

Abb. 15. Rippenrohrvorwärmer einem alten Glattrohrvorwärmer nachgeschaltet. (Deutsche Hochdruck-Economiser-Gesellschaft m. b. H., Mannheim.)

bläsers bequem durchgeführt werden kann. Die Flanschen sind quadratisch und beim Zusammenbau der Rohre werden Stiftschrauben verwendet. Die Firma Steinmüller bringt sämtliche üblichen Rohrschaltungen zur Anwendung.

Die Firma Liesen & Co., Crefeld, beschreitet mit ihrer Rippenrohrkonstruktion eigene Wege. Ihre Rohre haben eine sich schneckenförmig (Patent Schröers) um dieselben windende Rippe, die neben dem wärmetechnischen Zweck die Festigkeit des Rohres erhöht. Die Rohre sind ca. 2 m lang und haben eine rauchgasberührte Heizfläche von 6 qm. Im zusammengebauten Zustande sind die Rohre leicht gegen die Horizontale geneigt. Die durch die Neigung hervorgerufenen Lücken werden durch Kontrolltüren ausgefüllt, durch die das Innere gut beob-

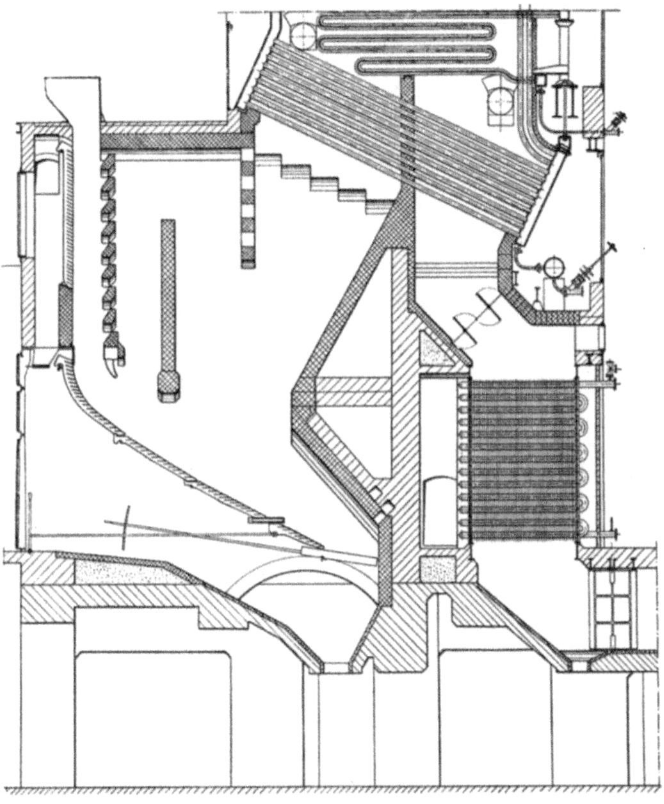

Abb. 16. Rippenrohrvorwärmer unter einem Teilkammerkessel (Deutsche Hochdruck-Economiser-Ges. m. b. H., Mannheim). Das Wasser wird bis auf Sättigungstemperatur vorgewärmt (ca. 240° entsprechend 40 atü).

achtet werden kann. Durch die Schräglage wird bezweckt, daß die in den Rohren sich ansammelnden Luft- und Dampfblasen leicht mit fortgespült werden können und dadurch der Vorwärmer immer dampf- und luftfrei gehalten wird. Die zwischen den Rohren fahrbare Rußblasevorrichtung gestattet ein direktes Abblasen der Flugasche (siehe Abb. 29). Die Verbindungen der Rohre mit den Krümmern liegen außerhalb des Gasstromes.

Der von der Firma Hugo Szamatolski, Berlin-Reinickendorf-West, hervorgebrachte Vorwärmer „Ohne-Ohne“ (Bezeichnung gesetzlich geschützt) besteht aus Rippenrohren mit runden und auch rechteckigen Rippen, Verteilungsrohren (Sammelrohren), Umlenkkappen und Einwalznippeln. Wie die Bezeichnung „Ohne-Ohne“ schon ausdrückt, besitzt dieser Vorwärmer weder Flanschen, noch Schrauben, noch Dichtungen. Die Verbindung der Umlenkkappen mit den Rippenrohren erfolgt durch eine Öffnung der Umlenkkappe hindurch, wobei ein Nippel aus Kupfer, Bronze oder Weicheisen in die

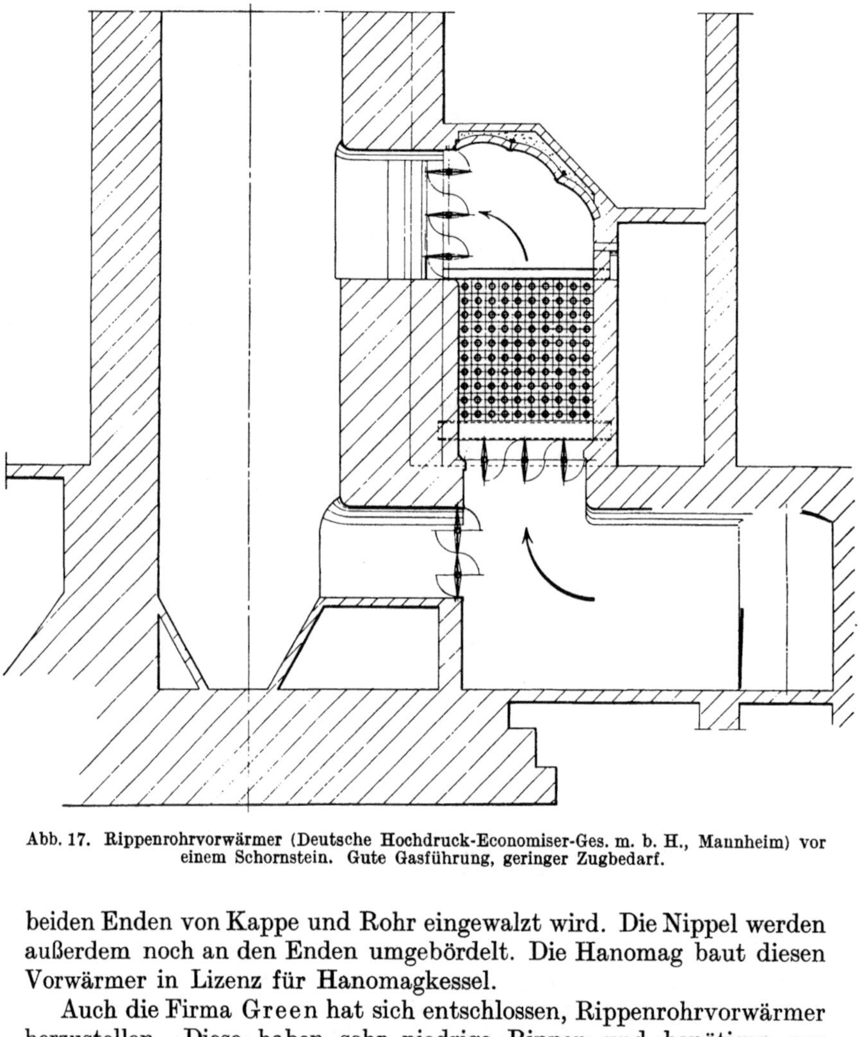

Abb. 17. Rippenrohrvorwärmer (Deutsche Hochdruck-Economiser-Ges. m. b. H., Mannheim) vor einem Schornstein. Gute Gasführung, geringer Zugbedarf.

beiden Enden von Kappe und Rohr eingewalzt wird. Die Nippel werden außerdem noch an den Enden umgebördelt. Die Hanomag baut diesen Vorwärmer in Lizenz für Hanomagkessel.

Auch die Firma Green hat sich entschlossen, Rippenrohrvorwärmer herzustellen. Diese haben sehr niedrige Rippen und benötigen zur Lagerung der Rohre besondere gußeiserne Wände. Neuerdings hat die Firma Green die Lizenz für Foster-Economiser erworben. Die Foster-Rippenrohre bestehen aus Stahlrohren, auf die ein gußeiserner Rippenrohrmantel aufgeschoben ist. Es können hierbei Rohrlängen bis zu 10 m Länge hergestellt werden. Diese Bauart ist zweifelsohne sehr gut geeignet für Kessel bis zu 100 Atm. Die Herstellung ist jedoch nicht einfach, wodurch der Preis sich verhältnismäßig hoch

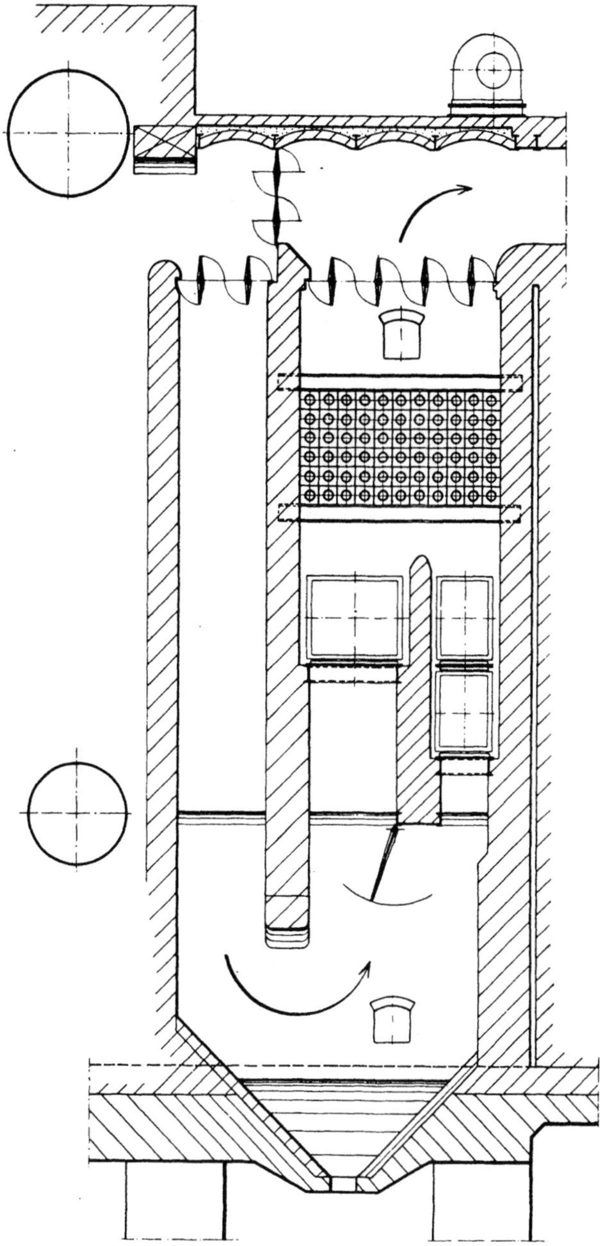

Abb. 18. Rippenrohrvorwärmer (Deutsche Hochdruck-Economiser-Ges. m. b. H., Mannheim) und Lufterhitzer hinter einem Steilrohrkessel. Die Gase müssen erst nach unten geführt werden, da künstlicher Zug vorhanden ist.

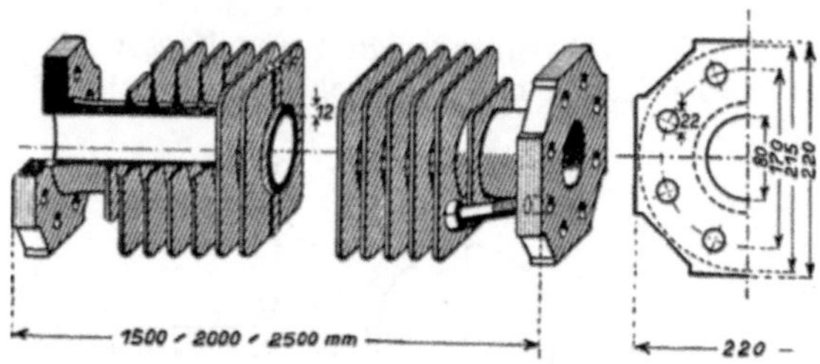

Abb. 19. Das genormte Rippenrohr der Vereinigten Economiser-Werke G. m. b. H., Düsseldorf und Freital.

Abb. 20. Rippenrohrvorwärmer der Vereinigten Economiser-Werke G. m. b. H., Düsseldorf und Freital. Besonderes Rahmengerüst, Reinigungsdeckel für innere Reinigung. Rußbläser nach Abb. 21.

Abb. 21. Fahrbarer Rußbläser der Vereinigten Economiser-Werke G. m. b. H., Düsseldorf und Freital.

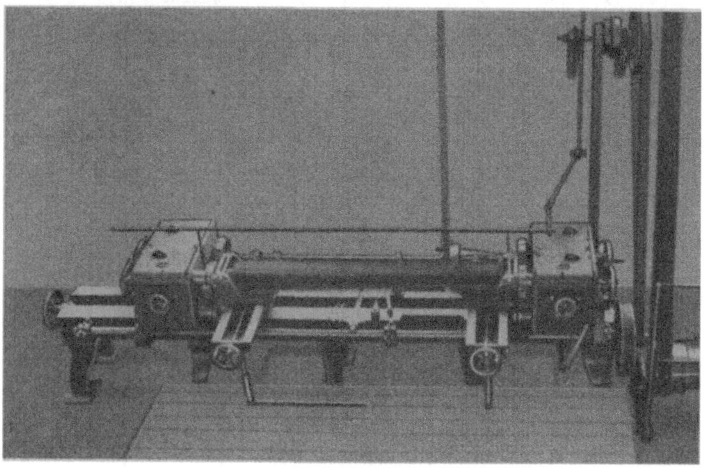

Abb. 22. Fräs- und Bohrmaschine für Rippenrohre (Vereinigte Economiser-Werke G. m. b. H., Düsseldorf und Freital).

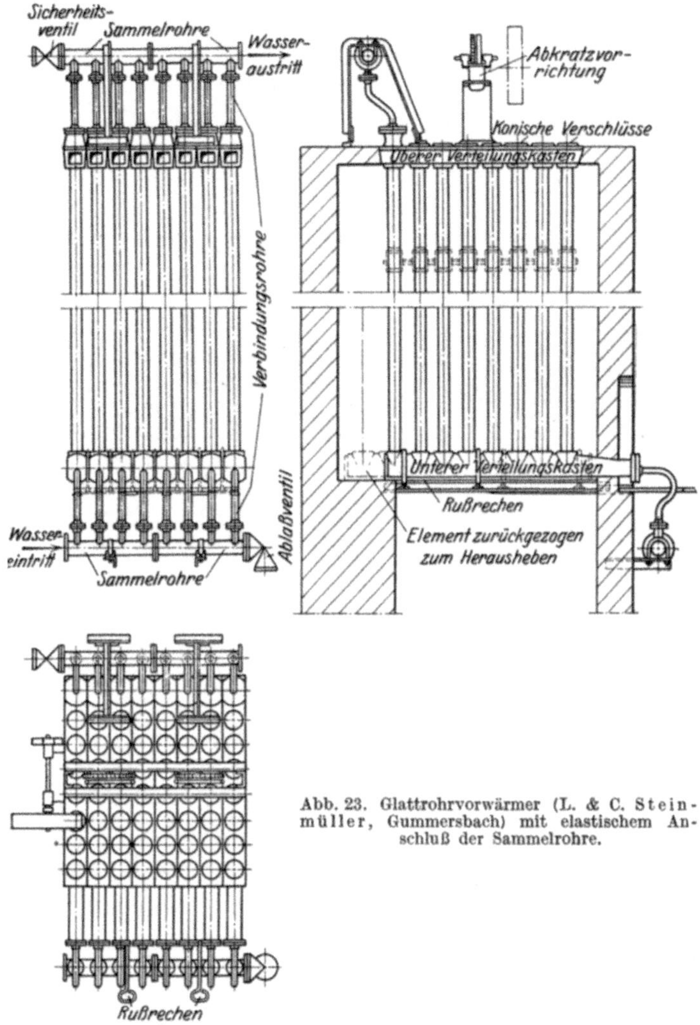

Abb. 23. Glattrohrvorwärmer (L. & C. Steinmüller, Gummersbach) mit elastischem Anschluß der Sammelrohre.

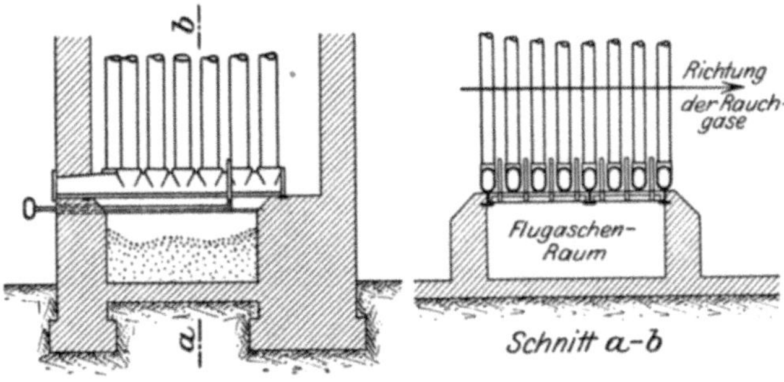

Abb. 24. Rußrechen zwischen den Unterkästen von Glattrohrvorwärmern (L. & C. Steinmüller, Gummersbach).

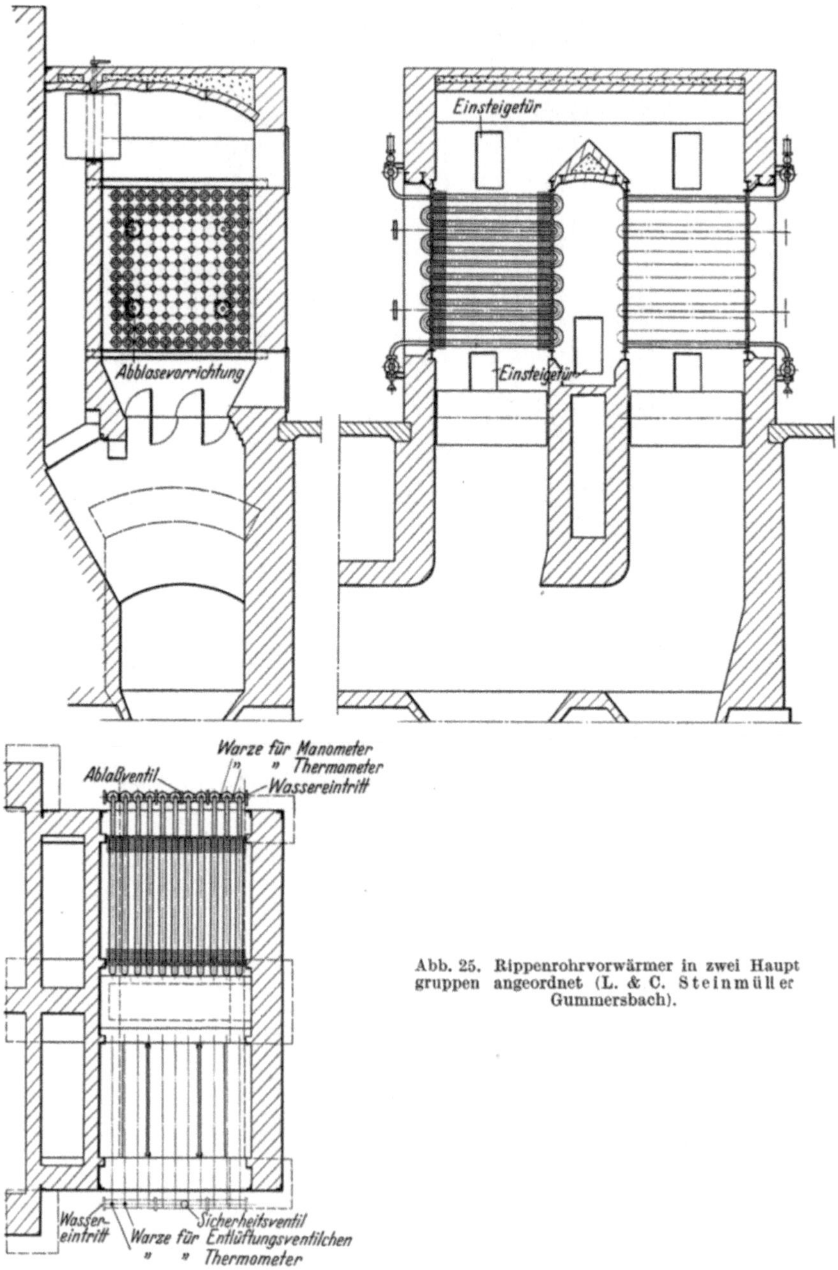

Abb. 25. Rippenrohrvorwärmer in zwei Hauptgruppen angeordnet (L. & C. Steinmüller Gummersbach).

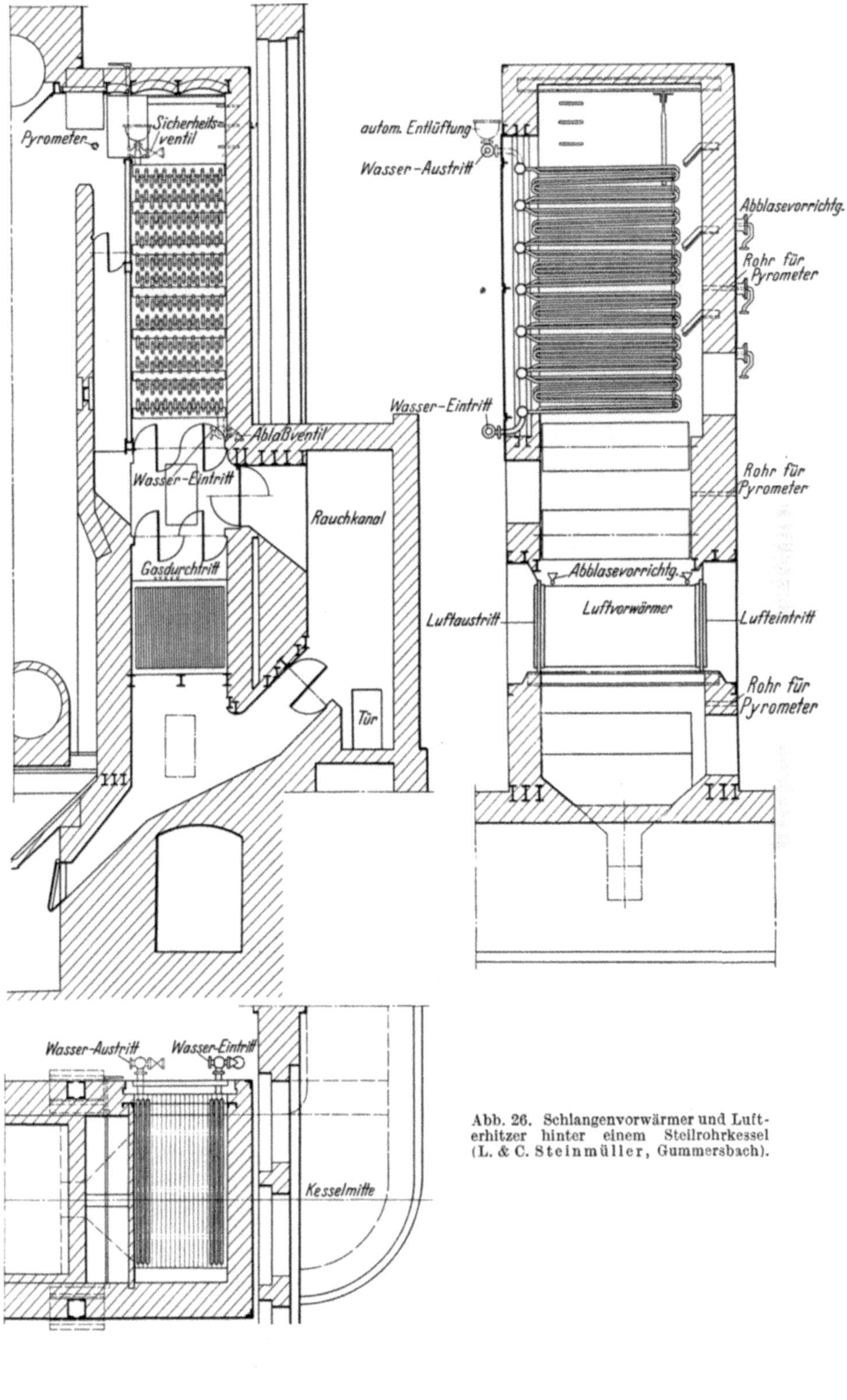

Abb. 26. Schlangenvorwärmer und Lufterhitzer hinter einem Steilrohrkessel (L. & C. Steinmüller, Gummersbach).

stellt. Die Hauptschwierigkeit bei der Herstellung liegt in der Erreichung eines guten Sitzes des Rippenrohrmantels auf dem Stahlrohr.

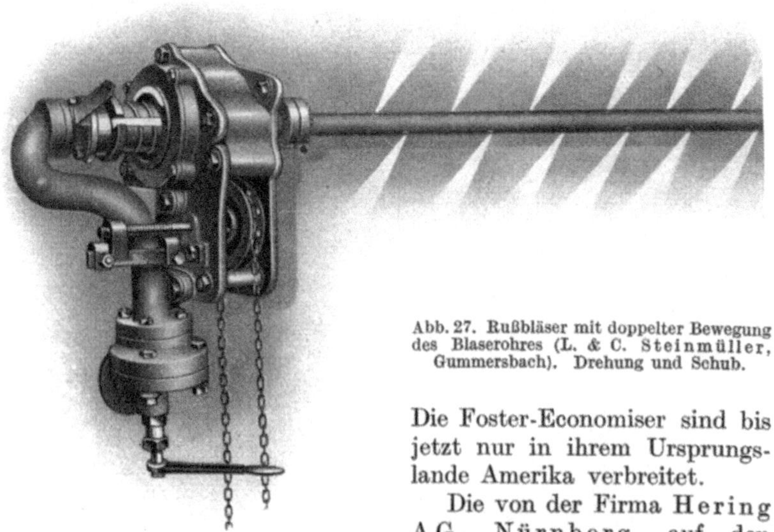

Abb. 27. Rußbläser mit doppelter Bewegung des Blaserohres (L. & C. Steinmüller, Gummersbach). Drehung und Schub.

Die Foster-Economiser sind bis jetzt nur in ihrem Ursprungslande Amerika verbreitet.

Die von der Firma Hering A.G., Nürnberg, auf den Markt gebrachten Vorwärmer unterscheiden sich von den vorgenannten wenig (siehe Abb. 42—46).

Die vorstehend beschriebenen Vorwärmerkonstruktionen werden in

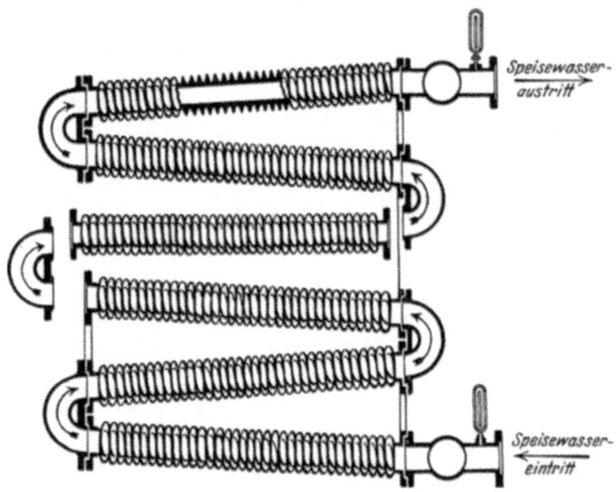

Abb. 28. Zusammenbau der Schneckenrippenrohre mit Schräglage (Liesen & Co., Krefeld).

ihrer Gesamtheit aus Gußeisen hergestellt. Es gibt aber auch eine große Zahl von schmiedeisernen Formen, für deren Berechnung und Gestaltung dieselben Grundsätze und Bestimmungen maßgebend sind, wie sie für

Landdampfkessel bestehen. Sie sind ein Sondergebiet des Dampfkesselbaues und können daher in diesem Buche keine Berücksichtigung finden (siehe Abb. 26 und 46).

c) Die Schaltung der Vorwärmerrohre.

Bei den einzelnen Konstruktionsarten sind schon verschiedene Schaltungsmöglichkeiten der Rohre erwähnt. Es sollen aber noch einmal die gebräuchlichsten Schaltungen systematisch vorgeführt werden.

Abb. 29. Schneckenrippenrohrvorwärmer der Firma Liesen & Co., Krefeld. Deutlich sichtbar die zwischen den Rohren geführte, fahrbare Rußabblasevorrichtung.

Beim Glattrohreconomiser unterscheidet man in der Hauptsache drei Schaltungen:

1. die Parallelschaltung, sog. Green-Schaltung,
2. die Gegenstromreihenschaltung und
3. eine Verbindung der beiden Schaltungen unter 1 und 2 (Abb. 47—49).

Bei der Parallelschaltung sind alle Register sowohl am Eintritt als auch am Austritt durch je ein Sammelrohr verbunden. Das Wasser tritt in das untere Sammelrohr ein und verläßt den Vorwärmer durch das obere. Eine Folge dieser Wasserführung ist, daß sämtliche Rohre am Eintritt kaltes Wasser bekommen, und es werden infolge Unterschreitung der Taupunkttemperatur die Rohre unten angefressen und verrosten.

Die Gegenstromreihenschaltung besitzt genannten Übelstand in geringerem Maße. Die Firma Hartmann führt diese Schaltung so aus, indem sie das Wasser durch zwei Register abwärts führt und in den nächsten beiden Registern wieder aufwärts leitet und so fort. Eine Taupunktunterschreitung kann deshalb nur an den beiden ersten Registern, höchstens aber an den ersten vier Registern stattfinden.

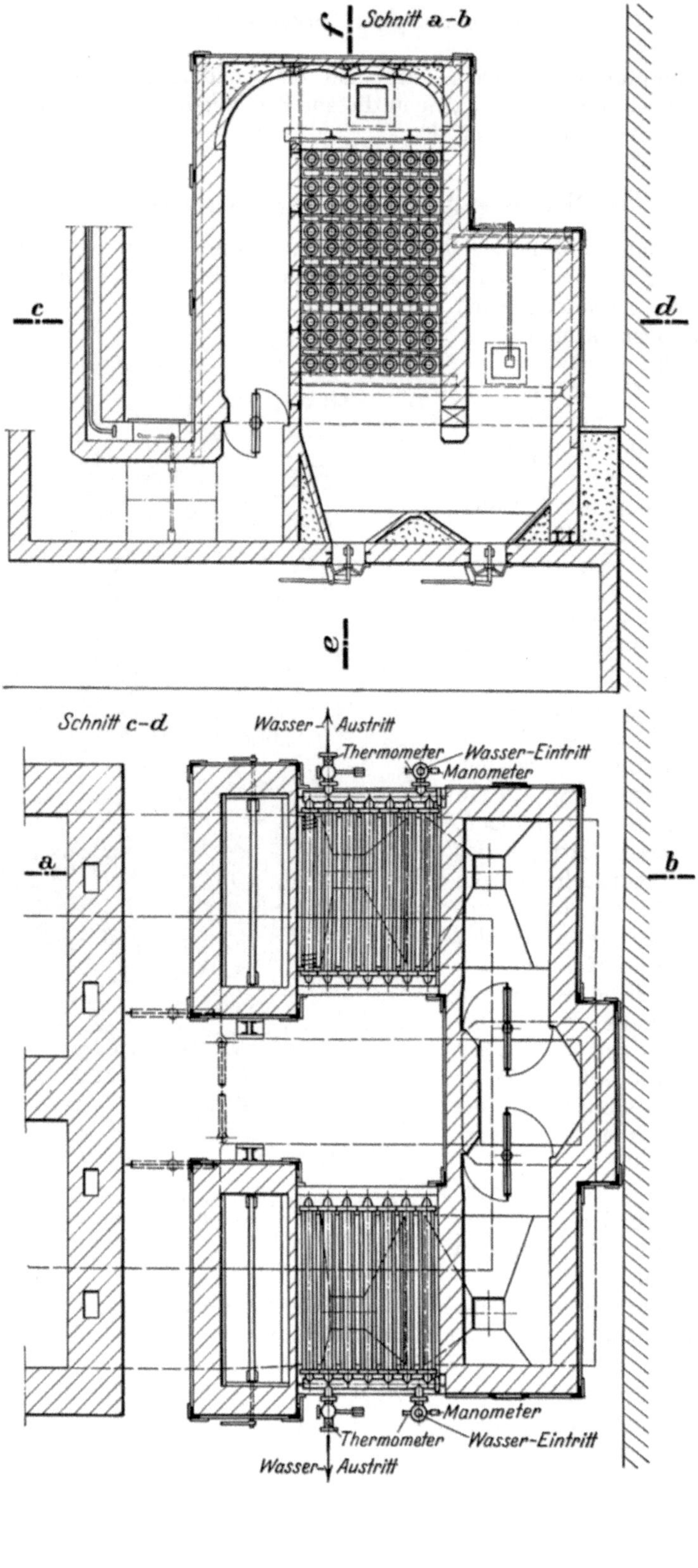

Schnitt a-b
f
c
d
e
Schnitt c-d
Wasser-Austritt
Thermometer
Wasser-Eintritt
Manometer
a
b
Manometer
Thermometer
Wasser-Eintritt
Wasser-Austritt

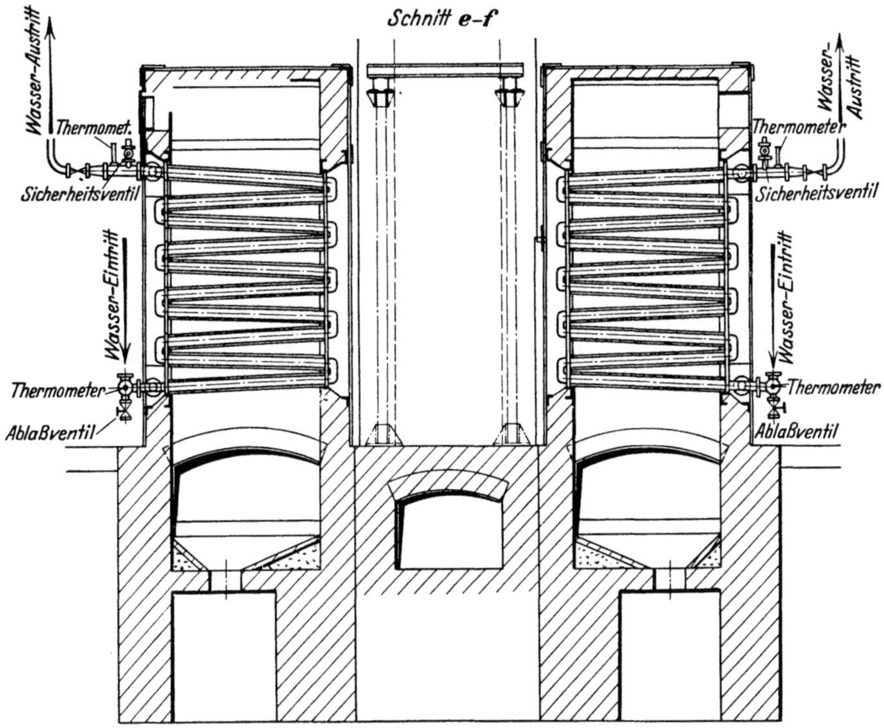

Abb. 30. Schneckenrippenrohrvorwärmer (Liesen & Co., Krefeld).

Eine gemischte Schaltung aus beiden vorhergehenden erhält man, indem man das Wasser nicht gleichzeitig durch zwei, sondern durch drei, vier und mehr Rohrreihen oder Register gleichzeitig hindurchschickt. Auch wird zuweilen ein Teil mit Reihenschaltung einem Teil mit Parallelschaltung vorgeschaltet.

Die Schaltung der Rippenrohre untereinander geschieht teilweise noch in der Anlehnung an die vorgenannten Schaber-Economiserschaltungen, aber es gibt auch Economiserfirmen, die sich von dem Althergebrachten losgesagt haben und neue Schaltungen bringen. Man unterscheidet

1. die reine Reihenschaltung,
2. die Parallelschaltung,
3. eine Kombination aus der Reihen- und Parallelschaltung und
4. die Green-Schaltung für Rippenrohrvorwärmer (Abb. 50—52).

Bei der 1. Schaltung tritt das Wasser von einem Rohr in das nächste und durchfließt so sämtliche Rohre hintereinander. Der Hauptvorteil dieser Schaltung soll der sein, daß sich in den Rohren infolge der höheren Wassergeschwindigkeit keine großen Luft- und Dampfblasen bilden können. Das Wasser kann sowohl von oben nach unten als auch von unten nach oben ohne Nachteil durch den Vorwärmer gepumpt werden. Wenn bei dieser Schaltung weite Rohre verwendet werden, ist auch der

Druckverlust gering. Bei ganz großen Vorwärmerheizflächen hilft man sich wegen des etwa zu hoch werdenden Druckverlustes so, daß man zwei oder mehr selbständige Vorwärmergruppen bildet, bei denen die Hintereinanderschaltung der Rohre beibehalten wird. Natürlich muß jede

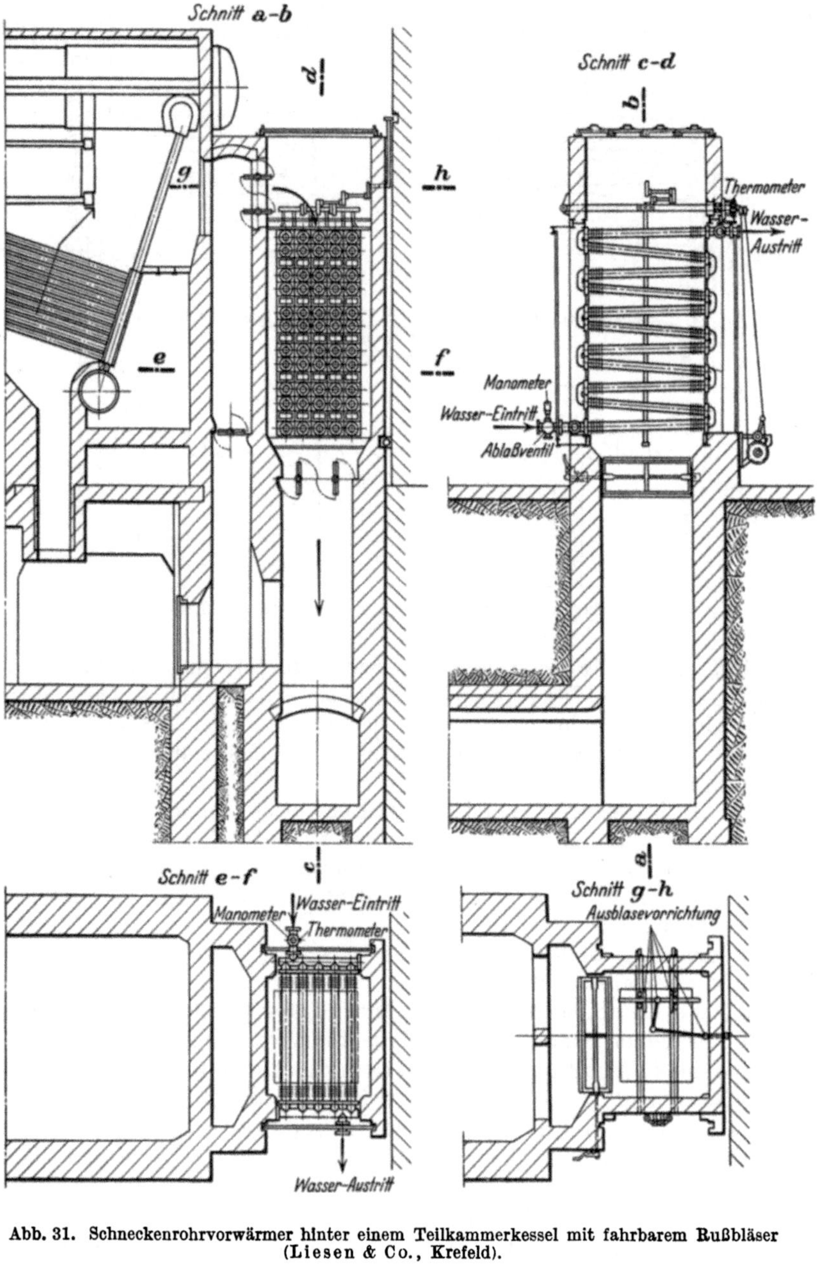

Abb. 31. Schneckenrohrvorwärmer hinter einem Teilkammerkessel mit fahrbarem Rußbläser (Liesen & Co., Krefeld).

dieser Vorwärmergruppen ein besonderes Sicherheits- und Ablaßventil und je ein Thermometer am Ein- und Austritt bekommen. Die Vorwär-

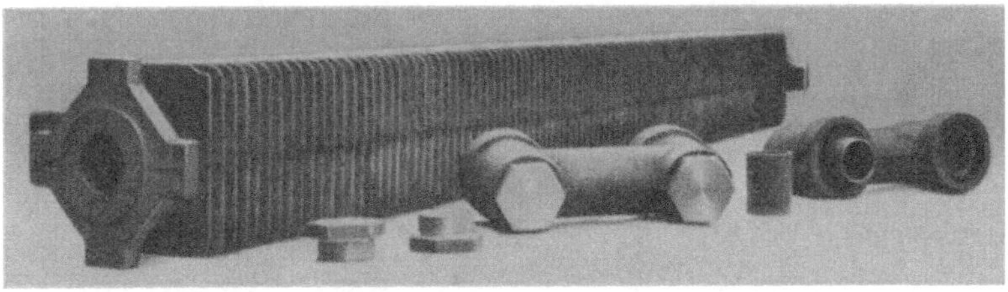

Abb. 32. Szamatolski-Rippenrohr mit Umlenkkappen, Einwalznippeln und Verschlußschrauben.

Abb. 33. Szamatolski-Rippenrohrvorwärmer im zusammengebauten Zustande. Rippen rechteckig.

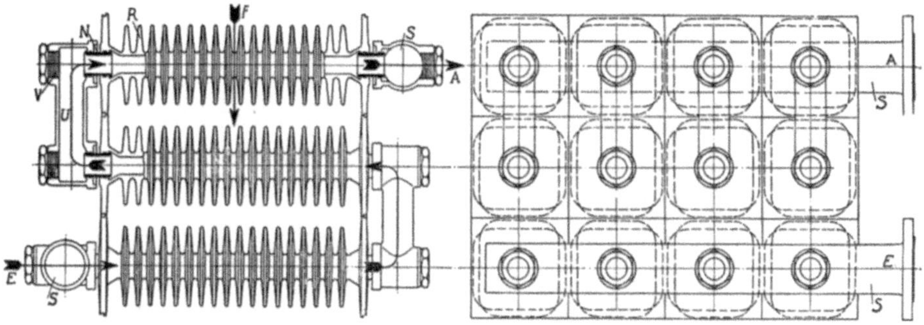

Abb. 34. Schnitt durch einen Szamatolski-Vorwärmer.

mergruppen müssen sämtlich gleich bemessen werden, damit das Wasser sich gleichmäßig auf die Gruppen verteilt. Sonst kann es vorkommen, daß sich eine Vorwärmergruppe infolge der geringeren Wassergeschwin-

Abb. 35. Hinter einem Steilrohrkessel eingebauter Szamatolski-Vorwärmer (Schnitt siehe Abb. 24).

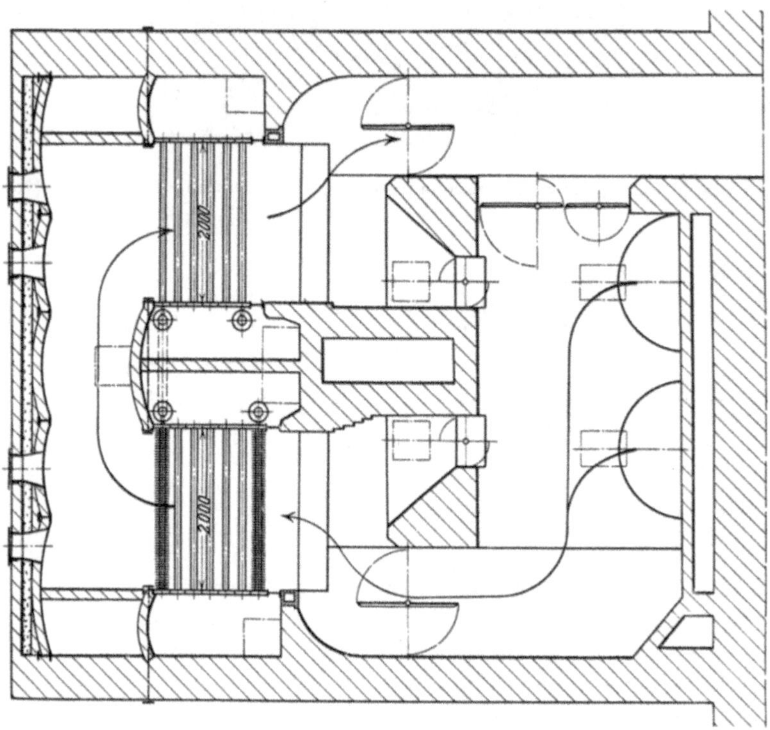

Abb. 36. Schnitt durch Abb. 35.

digkeit verstopft und die Wasseraufwärmung in den Gruppen verschieden ausfällt.

Viele Firmen benutzen die zweite Art der Schaltung, d. h. die Serienschaltung. Hierbei werden nur die senkrecht übereinander liegenden

Abb. 37. Rippenrohr des Foster-Economisers. Lagerung in den Abschlußwänden. Anordnung der Umlenkkappen und der Verschlüsse.

Rohre durch Krümmer verbunden und die so entstandenen Rohrschlangen durch Verteilungs- und Sammelrohre vereinigt. Das Wasser, das meist unten eintritt, soll sich dann auf die Rohrschlangen verteilen.

Abb. 38. Verschluß für die Umlenkkappen des Foster-Economisers. Links fest angezogen, rechts vor dem Anziehen.

Verbindet man mehrere nebeneinander liegende Rohrleitungen durch Doppelkrümmer zu einer einzigen Rohrschlange und faßt die Ein- und Austritte durch Verteilungs- und Sammelrohre zusammen, so entsteht gewissermaßen eine gemischte Schaltung aus den beiden vorigen.

Mehrfach unbestimmt ist die vierte Art der Schaltung, bei der eine senkrechte Rohrreihe durch ein Verteilungs- und Sammelstück verbunden wird. Solche senkrechte Sammelstücke werden unter sich abermals durch Hauptverteilungs- und Sammelstücke vereinigt. Bei dieser Wasserführung soll das Wasser gleichzeitig durch sämtliche Rohre hindurchfließen. Eine senkrechte Rohrreihe stellt hierbei weiter nichts

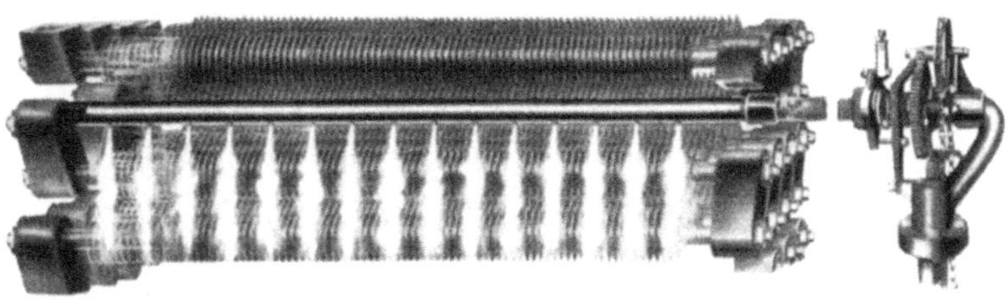

Abb. 39. Zusammengesetzter Foster-Economiser. Dampfrußbläser in Tätigkeit.

dar als ein mit Rippen versehenes und um 90° gedrehtes Register eines Schabereconomisers. Die Verteilungs- und Sammelrohre vertreten

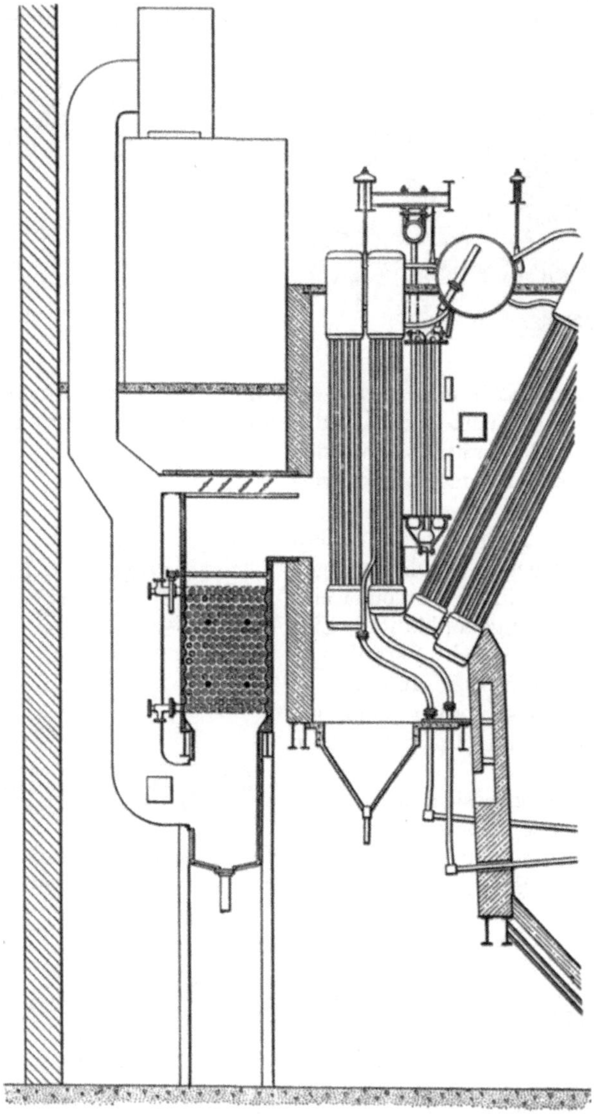

Abb. 40. Foster-Economiser hinter einem Bigelow-Hornsby-Kessel (United Electric Railways Company, Providence, R. I.). Zweigkanal für hohe Belastungen, doppelte Reinigung.

hierbei die Ober- und Unterkästen, und die Schaltung ist im Prinzip die sog. Green-Schaltung.

Die verschiedenen Schaltungsarten können von sämtlichen Herstellern angewandt werden, da keine gesetzlich geschützt ist. Wenn

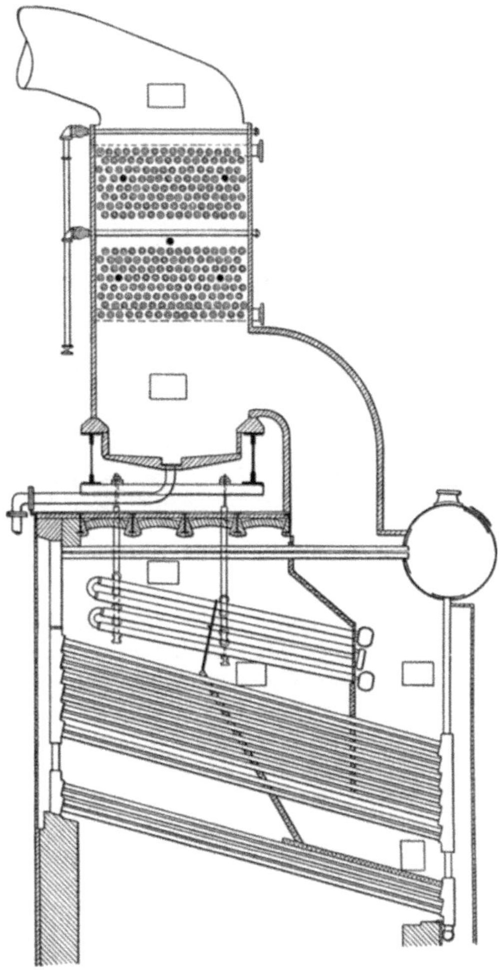

Abb. 41. Foster-Economiser über einem Teilkammerkessel (Hell Gate-Station, Electric & Power Company, Neuyork, N. Y.). Doppelte Reinigungsvorrichtung mit Wasser und Dampf.

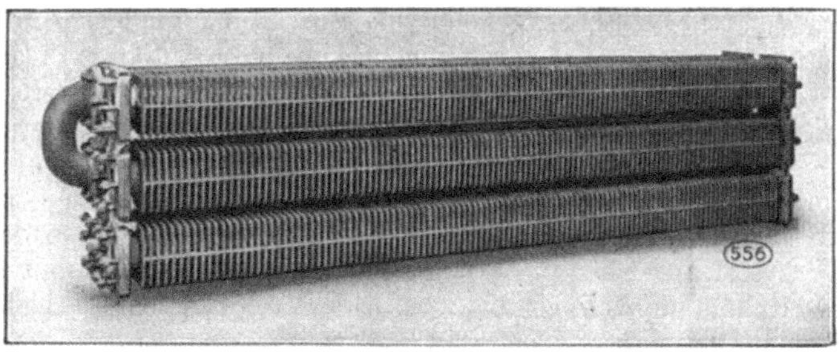

Abb. 42. Rippenrohre der Firma A. Hering A.G., Nürnberg.

daher diese oder jene Schaltungsart von einer Firma vorzugsweise verwandt wird, so scheinen genügend Erfahrungen vorzuliegen, die dennoch die Anwendung rechtfertigen und auf Grund derer man der geschilderten

Abb. 43. Zusammengebauter Rippenrohrvorwärmer mit fahrbarer Rußblasevorrichtung. (Firma Hering.)

Nachteile Herr zu werden sucht. Durch das gesteigerte Interesse der Bezieher am Economiser wird aber auch diese Frage lebhaft studiert werden und die gemachten Beobachtungen werden zeigen, welcher Schaltungsart der Vorzug zu geben ist. Die sonst noch üblichen Schaltungsarten haben weniger Bedeutung, so daß von ihrer Anführung hier abgesehen werden kann.

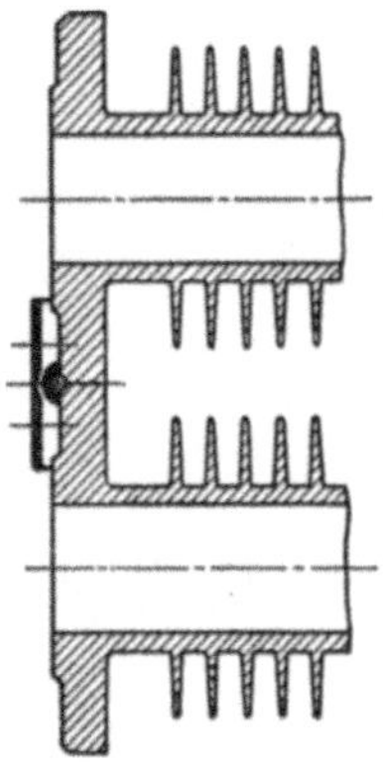

Abb. 44. Abdichtung der Flanschen bei den Rippenrohren der Firma Hering.

d) Werkstoff.

Es wurde bereits hervorgehoben, daß die Vor wärmer meist in Gußeisen ausgeführt werden. Die Verwendung von Gußeisen für Rauchgasvorwärmer geschieht deshalb, weil das Gußeisen dem zerstörenden Einfluß der Rauchgase und des Speisewassers einen größeren Widerstand entgegensetzt als z. B. Schmiedeisen. Die Rauchgase enthalten mehr oder weniger Schwefeldioxyd, das von der Verbrennung des im Brennstoff enthaltenen Schwefels herrührt. Durch starke Unterkühlung der Rauchgase kann es vorkommen, daß der von den Rauchgasen mitgeführte Wasserdampf kondensiert wird und mit dem Schwefeldioxyd schweflige Säure bildet. Diese frißt dann im Laufe der Zeit den Werkstoff an. Ebenso ist eine Zerstörung der Vorwärmer von der Wasserseite aus möglich, da das Wasser Sauerstoff enthält, welcher das Metall ebenfalls angreift. Die Verhältnisse über den zerstörenden Einfluß des Speisewassers sind jedoch noch nicht ganz aufgeklärt.

Der Vorwärmer ist im Betriebe immer einem höheren Druck ausgesetzt als der Dampfkessel. Um überhaupt eine Speisung des Dampfkessels zu ermöglichen, muß der Druck höher sein, da sich sonst das Rück-

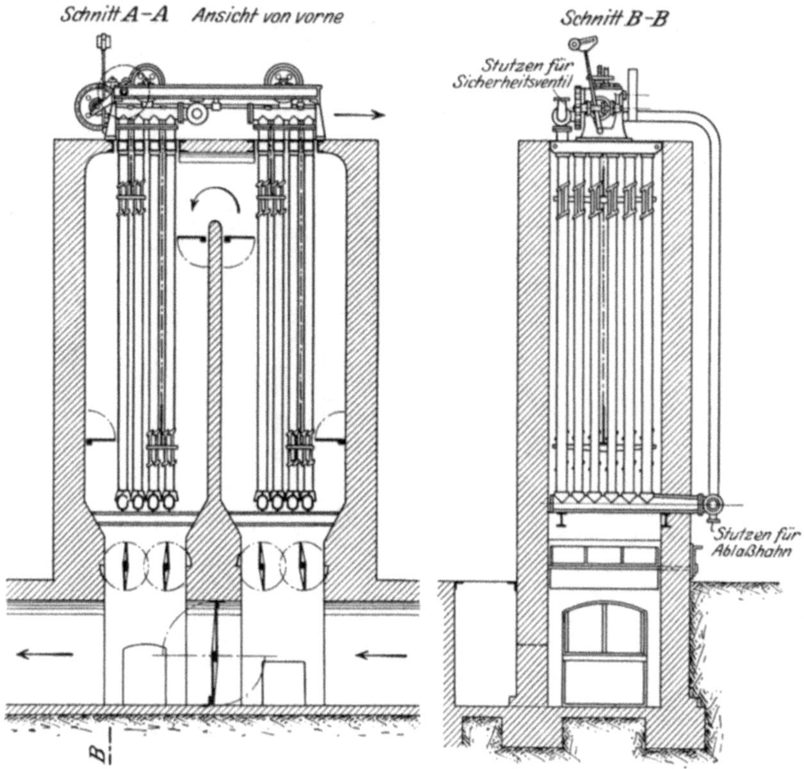

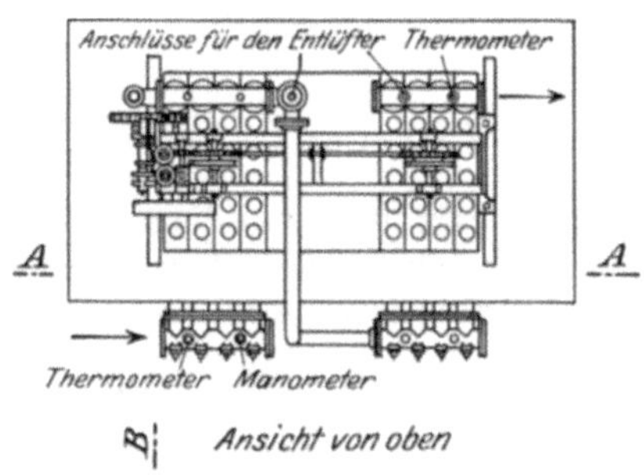

Abb. 45. Glattrohrvorwärmer der Firma A. Hering A.G., Nürnberg. Im aufsteigenden Fuchs Gleichstrom-Schaltung, im absteigenden Gegenstrom-Schaltung.

schlagventil schließen würde. Neue Vorwärmer müssen daher mit einem höheren Druck geprüft werden, als dem Kesseldruck entspricht. Ist p der Kesselbetriebsdruck, so wird nach den „Richtlinien für die Anforderungen an den Werkstoff und Bau von Rauchgasvorwärmern", die vom Unterausschuß für Vorwärmerfragen des bei dem Verein Deutscher Ingenieure bestehenden Ausschusses für Dampfkesselwesen aufgestellt sind, der Prüfungsdruck

$$= 1{,}3 \cdot p + 10 \text{ in at.} \qquad (1)$$

Für den Werkstoff selbst sind drei Güteklassen vorgesehen, die nach DIN-Norm 1691 aufgestellt sind und einer Mindestzugfestigkeit von 18,22 und 26 kg pro mm² entsprechen (s. Anhang). Die Richtlinien, die heute immer mehr als Grundlage für die Herstellung und Ablieferung beachtet werden, sind auf Grund derjenigen Richtlinien aufgestellt worden, die die Vereinigung der Großkesselbesitzer E. V. herausgegeben hat (s. Anhang).

Ein Vergleich der Richtlinien ergibt, daß die Richtlinien der Vereinigung höhere Ansprüche stellen als diejenigen des Unterausschusses.

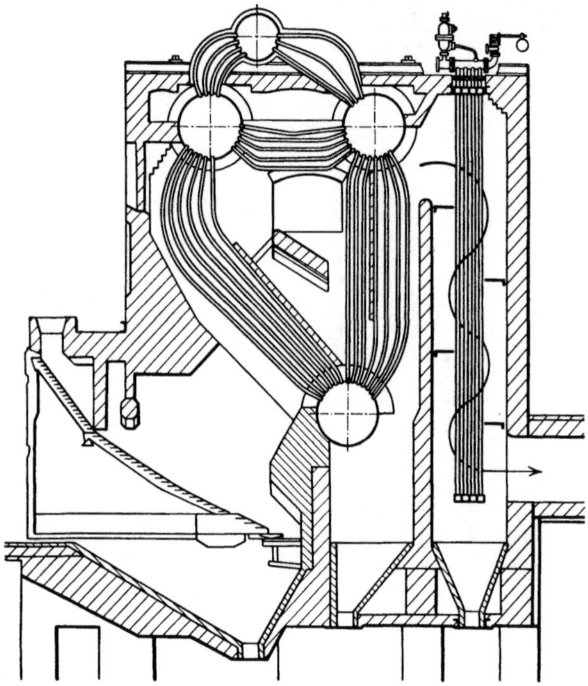

Abb. 46. Schmiedeeiserner Economiser der Firma A. Hering A.G., Nürnberg.

Es ist hierbei zu beachten, daß durch die Vereinigung nur die Abnehmerkreise vertreten werden und bei der Aufstellung der Richtlinien des Unterausschusses auch die Hersteller und Lieferer interessiert waren. Im allgemeinen kann man daraus ersehen, daß den Vorwärmern heute mehr denn je großes Interesse entgegengebracht wird. Dies kann für die Entwicklung des Vorwärmers und für die Hersteller und Abnehmer sehr dienlich sein. Andererseits ist das beste Material bei den sich immer mehr steigernden Betriebsdrücken gerade noch gut genug. Die Anforderungen sind bei höheren Drücken gerade an den Vorwärmer sehr stark, und da der Vorwärmer ein kaum mehr zu entbehrendes Mittel zur Leistungssteigerung von Dampfkesseln ist, hängt die Entwicklung von Hochleistungskesseln mit derjenigen der Hochdruckvorwärmer eng zusammen.

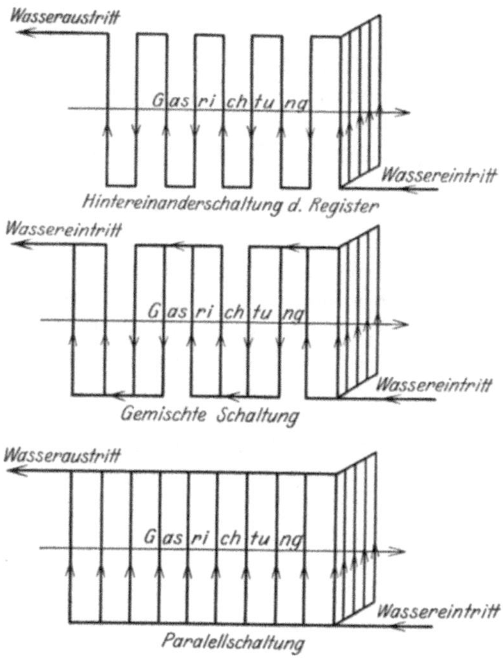

Abb. 47—49.

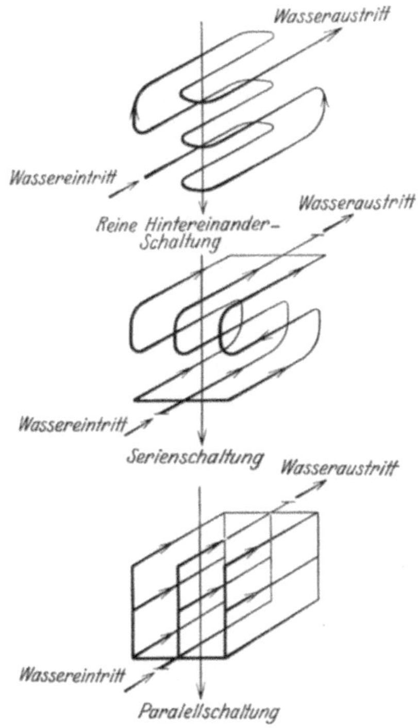

Abb. 50—52.

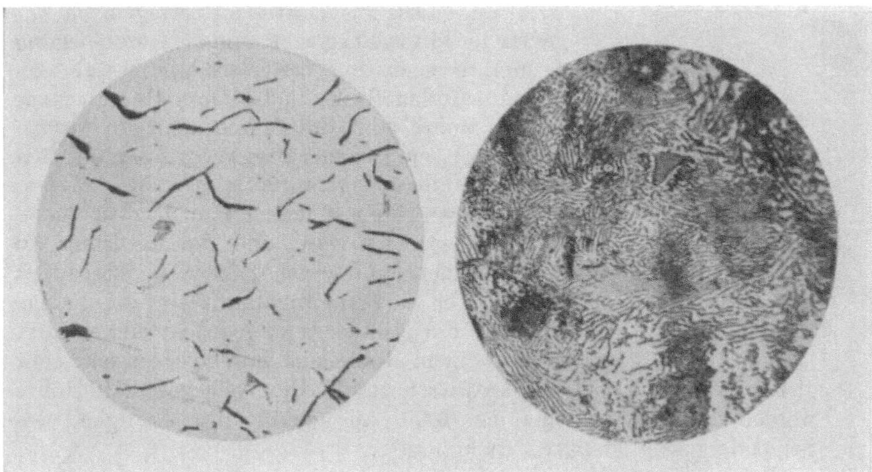

100fache Vergrößerung. 300fache Vergrößerung.

Abb. 53 u. 54. Schliffbilder vom Perlitguß eines Rippenrohres (aus Meyersberg, Perlitguß).

Das in der Maschinenindustrie verwendete Gußeisen hat, je nach seinem Verwendungszweck, eine ganz verschiedene Qualität. Ganz besonders verschieden ist die Festigkeit, und man kann in dieser Hinsicht das Gußeisen einteilen in

1. Maschinenguß mit einer Zugfestigkeit bis zu 15 kg/mm²,
2. hochwertigen Maschinenguß mit einer Zugfestigkeit bis zu 18 kg/mm²,
3. Zylinderguß mit einer Zugfestigkeit bis zu 26 kg/mm²,
4. Sonderguß mit einer Zugfestigkeit über 26 kg/mm².

Abb. 55. Bruchprobe an einem Rippenrohr älterer Bauart. Bruch bei 770 atü. (L. & C. Steinmüller, Gummersbach.)

Von Einfluß auf die Qualität des Gußeisens ist vor allem der Prozentgehalt an Phosphor und Kohlenstoff, die Schmelztemperaturen und die mehr oder minder gleichmäßige Verteilung der bei der Erstarrung entstehenden Kristalle von Eisenkohlenstofflegierungen. Besonders hoch sind die Festigkeiten, wenn der Schliff ein sog. perlitisches Gefüge aufweist. Es haben sich mehrere Verfahren herausgebildet, bei denen man ein Gußeisen mit hohen Festigkeitseigenschaften erhält.

Die Firma L. & C. Steinmüller in Gummersbach stellt Perlitguß her durch Veränderung der Gattierung und durch Anwärmung und Trocknung der Gußformen.

Die Firma Liesen & Co., Crefeld, garantiert für ihr Material eine Zugfestigkeit von mindestens 26 kg/mm². Die Biegefestigkeit beträgt nach Angaben der Firma 46 kg/mm² und die Durchbiegung 11 mm, bezogen auf den Normalprobestab von 600 mm Auflagefläche und 30 mm Durchmesser.

Die Rohre von Glattrohreconomisern werden von der Gelsenkirchener Bergwerks-A.-G. mit dem sog. Schleudergußverfahren hergestellt, bei dem das flüssige Eisen in einen schnell rotierenden Zylinder gegossen wird und die Gießrinne in Richtung der Zylinderachse langsam fortbewegt wird. Durch die Zentrifugalkraft wird die flüssige Masse an die Zylinderwand gedrückt und erstarrt dort zu einem Rohre, das infolgedessen eine sehr gleichmäßige Wandstärke aufweisen muß. Die so gegossenen Rohre werden dann noch einmal bei 1000° ausgeglüht. Die Festigkeit des Schleudergusses ist 22 bis 24 kg/mm².

Beim Thyssen-Emmel-Verfahren wird die Schmelze stark überhitzt, wodurch die Gußformen durch das flüssige Gußeisen erwärmt werden und dann das Eisen die zur Gefügebildung nötige Temperatur noch besitzt.

Das von der Firma Föge verwendete Material entspricht der Güteklasse D 26,91, d. h. es werden von ihr garantiert

Zugfestigkeit	26 kg/mm²
Biegefestigkeit	48 kg/mm²
Durchbiegung	10 mm.

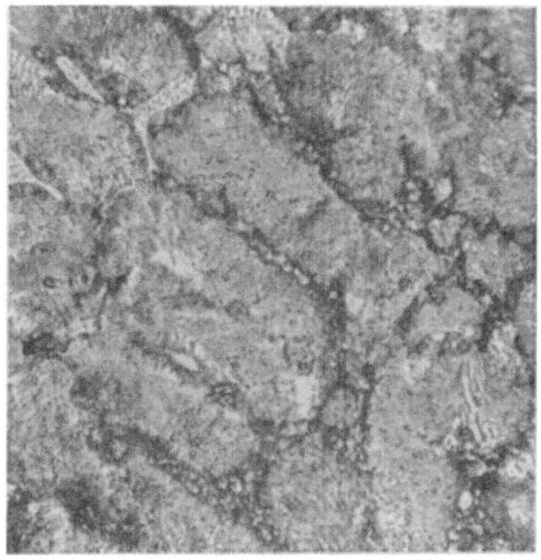

Abb. 56. Schliffbild, 350fache Vergrößerung, geätzt. (Föge, Hannover.)

Der in eigener Gießerei hergestellte Guß hat eine Zusammensetzung wie folgt:

C	=	3,0	bis	3,2
Si	=	1,3	,,	1,6
Mn	=	0,6	,,	0,8
Fe	=	0,08	,,	0,1
P	=	0,15	,,	0,25.

Die Bruchgrenze des Rohres wurde amtlich zu 720 at festgestellt.

Beim sog. Rüttelguß wird durch Rütteln das flüssige Gußeisen entgast und durchgemischt, wodurch die bei der Erstarrung eintretenden Reaktionen beschleunigt werden sollen.

Unter Elektroguß kommt ein Material in den Handel, das nach dem Duplexverfahren hergestellt wird. Als Rohmaterial wird ein an sich

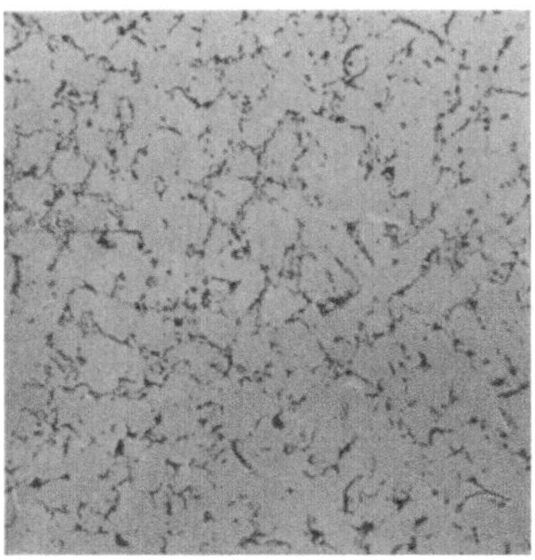

Abb. 57. Schliffbild, 100fache Vergrößerung. (Föge, Hannover.)

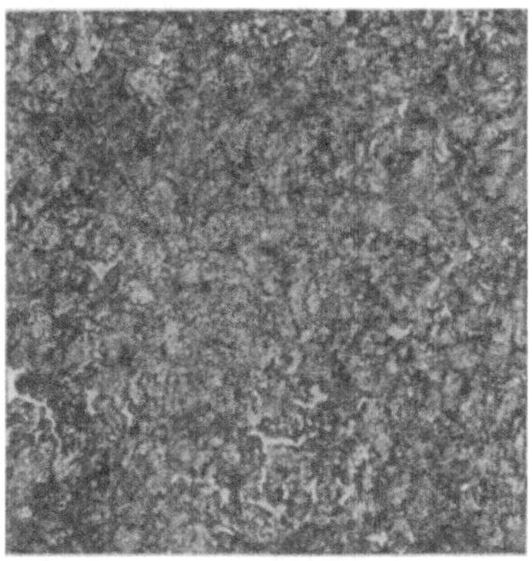

Abb. 58. Schliffbild, 100fache Vergrößerung, geätzt. (Föge, Hannover.)

schon hochwertiges Gußeisen mit etwa 22 kg Zugfestigkeit im Kupolofen vorgeschmolzen und dann im Elektroofen gereinigt. Im Elektroofen wird das Gußeisen auf seinen Kohlenstoffgehalt untersucht und je nachdem, wie die Probe ausfällt, wird dem Elektroofen fester Schmiedeschrott oder Kohlenpulver zugesetzt. Sodann kommt noch Ferro-Silizium und Ferro-Mangan hinzu. Durch fortwährendes Beobachten der Schmelze und durch von Zeit zu Zeit vorgenommene Proben zwecks

Feststellung des Bruchgefüges, durch das Aussehen der Schlacke und durch den Flüssigkeitsgrad erhält man schließlich Gewißheit, daß das

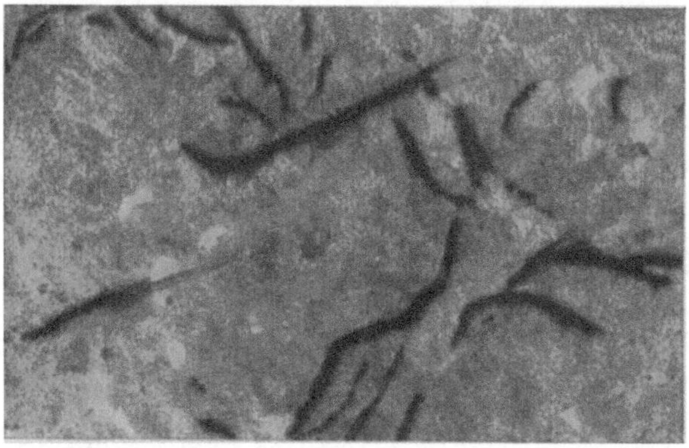

Abb. 59. Schliffbild vom Elektroguß (Deutsche Hochdruck-Economiser-Ges. m. b. H., Mannheim).

Abb. 60. Elektroofen für eine stündliche Leistung von 6 t (Nathusiusofen).

Eisen die gewünschte Qualität erreicht hat. Der Kohlenstoffgehalt des Elektrogusses kann dauernd auf 2,9 bis 3,0% gehalten werden.

Mit dem **Wüst-Ofen** stellt die Maschinenfabrik Eßlingen ein ebenfalls vorzügliches Gußeisenmaterial her. Der Ofen besteht aus einem Herd, in dem sich das flüssige Eisen sammelt, über das die von einem Ölbrenner herrührende Flamme hinwegstreicht und dann in den Füllschacht abzieht. Dort wird das eingebrachte Gut geschmolzen. Der Wüst-Ofen gestattet ebenfalls eine stete Beobachtung, wodurch die Zusammensetzung der Schmelze genau geregelt werden kann.

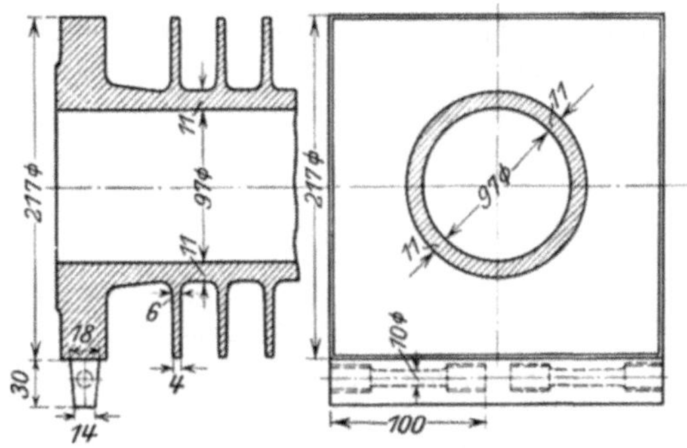

Abb. 61. An die Flanschen eines Rippenrohres angegossene Probestäbe (Deutsche Hochdruck-Economiser-Ges. m.b.H., Mannheim).

Immer mehr in Aufnahme kommt die **Abnahmeprüfung** schon an der Fabrikationsstätte. Sie dient als Schutz der Bezieher gegen Nichteinhaltung der beim Kauf gemachten Zusagen. Am besten ist es, einen für beide Parteien neutralen Abnahmebeamten hinzuzuziehen. Die allgemeinen Richtlinien sind im Anhang wiedergegeben worden. Das Material wird durch Zerreiß- und Biegeproben an

Abb. 62. Gießerei für Glattrohre (A. Hering A.G., Nürnberg).

Ort und Stelle auf seine Güte geprüft, oder die Prüfung wird von staatlichen Materialprüfungsanstalten vorgenommen. Über die Entnahme der Materialproben herrschen zur Zeit noch Meinungsverschiedenheiten. Die einen wollen den Probestab am Einguß entnehmen, die anderen glauben, es sei richtiger, wenn der Probestab am Vorwärmerrohr selbst angegossen und im Mittel so bemessen wird, daß seine Dicke der mittleren Wandstärke entspricht. Das letztere ist zweifellos das Richtigere.

Die Entnahme von Proben erschwert naturgemäß den Fabrikationsprozeß und verursacht zusätzliche Kosten. Diese können 5 bis 15% des Preises ausmachen, je nach der Anzahl der Proben und den örtlichen Verhältnissen. Die Ausgabe wird sich aber in jedem Falle für beide Parteien als nutzbringend erweisen.

Aus vorstehendem ergibt sich, daß die Industrie bemüht ist, ein Material für Vorwärmer zu schaffen, das volle Sicherheit gewährt und eine lange Lebensdauer ermöglicht. Interessant ist das Studienprogramm der Vereinigung (Anhang).

Zahlentafel 1. Zerreißproben von Elektroguß.
(Deutsche Hochdruck-Economiser-Gesellschaft m. b. H., Mannheim.)

Von 168 Rohren wurden folgende Proben genommen und auf Zerreiß- und Biegefestigkeit untersucht:

Stab Nr.	Zugfestigkeit kg/mm²	Stab Nr.	Zugfestigkeit kg/mm²
1	35,6	4	36,6
2	35,8	5	36,1
3	35,8	6	36,6

Stab Nr.	Biegefestigkeit kg/mm²	Durchbiegung mm
1	52,5	10,0
2	58,0	11,5

e) Die Gestaltung der Vorwärmer.

Die Zusammensetzung der Rohre, Register, Krümmer und Sammelrohre zum kompletten Vorwärmer geschieht auf Grund des vorhandenen Platzes, der vorhandenen Zugstärke, der Führung der Rauchgase und noch anderer örtlicher und konstruktiver Gründe. Um die Mittel und Wege zu zeigen, wie man zu einer zweckmäßigen Gestaltung gelangt, sollen eine Reihe von aufgestellten Vorwärmern in Wort und Bild vorgeführt werden.

Die Aufstellung von Vorwärmern in Kesselanlagen kann entweder einzeln, d. h. hinter jedem Kessel als Einzeleconomiser oder als Zentraleconomiser erfolgen. Die Vorwärmer Greenscher Bauart hat man mit Vorliebe als Zentraleconomiser ausgebildet. In solchen Vorwärmern wird die gesamte Wassermenge, die zur Dampferzeugung benötigt wird, vorgewärmt. Die Rauchgase der einzelnen Kessel werden in einem Sammelfuchs gesammelt und nach erfolgter Abkühlung im Vorwärmer in einen Fuchs abgeführt oder in Vorwärmerhöhe schon vom Schornstein aufgenommen. Bei der Verbrennung von minderwertiger Kohle werden mit solchen Zentralvorwärmern große Flugaschenkammern in einem Bau vereinigt. Der Zentraleconomiser ist billiger als mehrere Einzeleconomiser, weil bei einer Kesselanlage ein oder zwei Kessel zur Reserve gehalten werden und für diese keine Vorwärmerheizfläche angeschafft zu werden braucht. Bei einer Reparatur oder Reinigung des Vorwärmers fällt aber beim Zentraleconomiser immer für längere Zeit die gesamte Vorwärmung des Speisewassers fort, während dies bei Einzeleconomisern nicht der Fall ist und eine Reinigung oder Reparatur zusammen mit dem betreffenden Kessel erfolgen kann.

Die Gestaltung der Einzeleconomiser kann nur mit Rücksicht auf den verfügbaren Raum hinter dem Kessel und auf die Art des verwendeten Kessels erfolgen. Die zahlreichen Kesseltypen bedingen wiederum ebenso zahlreiche Formen von Vorwärmern.

1. Flammrohrkessel.

Bei Flammrohrkesselanlagen werden Schabereconomiser meist als Zentraleconomiser über Fuchs ausgeführt. Auch Rippenrohreconomiser kann man als Zentraleconomiser ausführen. Abb. 63 zeigt einen Rippenrohrvorwärmer über Fuchs, bestehend aus zwei Gruppen. Die Rauchgase ziehen in der einen hoch und steigen in der zweiten Gruppe wieder abwärts. Das Wasser tritt in der zweiten Gruppe unten ein und verläßt den Vorwärmer in der ersten Gruppe ebenfalls unten. Es wird hierdurch ein reiner Gegenstrom hervorgerufen. Verbunden ist der Vorwärmer mit einer Zugverstärkungsanlage. Bei kleinen Kesselanlagen wird eine Zugverstärkungsanlage oft notwendig, denn die vorhandenen Schornsteine sind meist nicht sehr hoch. In solchen Anlagen können die Rauchgase bis auf 120 bis 130° abgekühlt werden, und es ist durch diese verhältnismäßig starke Abkühlung und durch die Zugverstärkung der Einbau eines Vorwärmers erst ermöglicht.

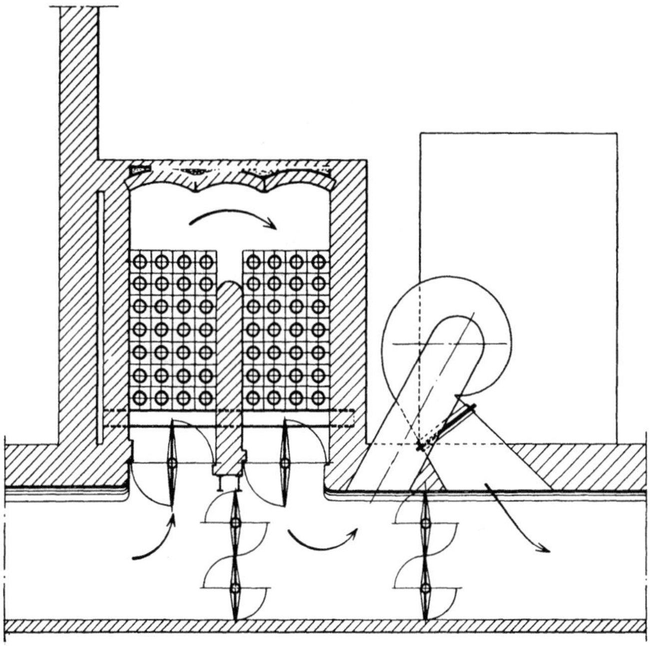

Abb. 63. Zentralrippenrohrvorwärmer für eine kleine Kesselanlage mit Zugverstärkung. Bei Außerbetriebsetzung natürlicher Schornsteinzug.

Abb. 64 zeigt einen quer über einen Flammrohrkessel angeordneten Rippenrohrvorwärmer. Nachdem die Rauchgase die Flammrohre verlassen haben, den Überhitzer passiert und durch den unteren Zug nach vorn gelangt sind, steigen sie in der ersten Gruppe hoch und ziehen in der zweiten Gruppe wieder abwärts nach dem oberen Zug und von da nach dem Fuchs. Solche Anlagen haben einen sehr guten Wirkungsgrad ergeben, und die Belastung eines solchen Kessels ist, bezogen auf die Kesselheizfläche, von 22 kg/m² auf 30 kg/m² gestiegen.

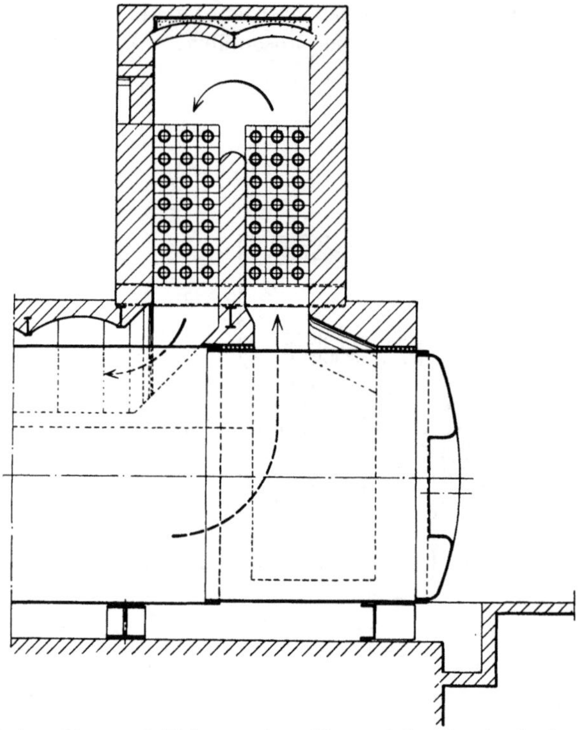

Abb. 64. Zwischen Ober- und Unterzug eines Flammrohrkessels eingebauter Rippenrohrvorwärmer. Bei weitgehender Ausnutzung der Rauchgase muß der Oberzug isoliert werden.

Einen ebenso guten Erfolg zeitigte der Anbau eines Rippenrohrvorwärmers an einen Flammrohr-Rauchrohrkessel (Abb. 65), dessen seitliche Züge abgemauert wurden und die Rauchgase direkt von den Rauchrohren in den Rippenrohrvorwärmer geleitet und von da in zwei seitliche Schächte nach dem Fuchs abgelassen wurden. Die Mittelmauer erhielt einen Durchbruch zum Ausziehen der Rauchrohre, der bei normalem Betriebe durch eine isolierte Vorstellwand abgeschlossen wird. Mit diesem Kessel wurde ein Betriebswirkungsgrad von 82% erreicht, eine für derartige Kessel sehr beachtenswerte Leistung.

Die Abb. 14 zeigt zwei Flammrohrkessel mit Überhitzer und Rippenrohrvorwärmer, der nicht wie üblich eingemauert, sondern nach Art der Ruths-Speicher isoliert ist. Dadurch wird erreicht, daß der Strahlungs-

und Leitungsverlust des Kessels selbst auf ein Minimum herabgesetzt wird und die Rauchgase nach Verlassen der Flammrohre durch einen Überhitzer und Rippenrohrvorwärmer auf eine wirtschaftliche Temperatur abgekühlt werden. Wirkungsgrade von 80% und darüber lassen sich mit dieser Konstruktion mühelos erreichen. Es muß außerdem darauf hingewiesen werden, daß die Einmauerung des Zweiflammrohrkessels erheblich teuerer wird als die Isolierung, derart, daß durch die Ersparnisse der Vorwärmer nahezu bezahlt werden kann. Diese Konstruktion ermöglicht den Besitzern von kleinen Dampfanlagen, ihren Betrieb wirtschaftlich durchzuführen. Wird der Kessel noch mit einer Kohlenstaubfeuerung ausgerüstet, so hat man einen Kessel, der große Belastungsschwankungen bei gutem Wirkungsgrade aufnehmen kann. Die Belastung kann damit auf 30 bis 35 kg/m² normal gesteigert werden. Die höchsten Wirkungsgrade werden bei solchen Anlagen erreicht, wo die Rauchgase hinter dem Flammrohr durch einen Überhitzer abgekühlt werden. Soll der Dampf nicht überhitzt werden, so kann der Wirkungsgrad selbst durch eine hohe Wasseraufwärmung

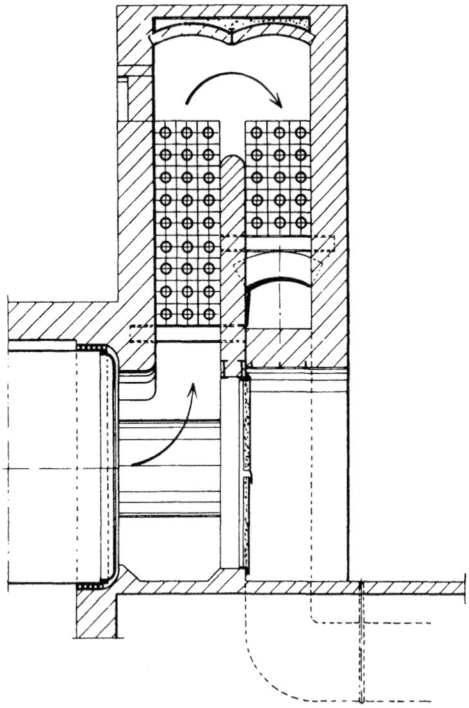

Abb. 65. Rippenrohrvorwärmer hinter einem Rauchrohrkessel. Die Rauchgase umspülen den Mantel des Kessels nicht und erfahren eine restlose Ausnutzung durch den Vorwärmer. Zum Ausziehen der Rauchrohre ist der Raum hinter den Rohren freigelassen und die Gase werden in zwei Teilströmen seitlich abgeführt.

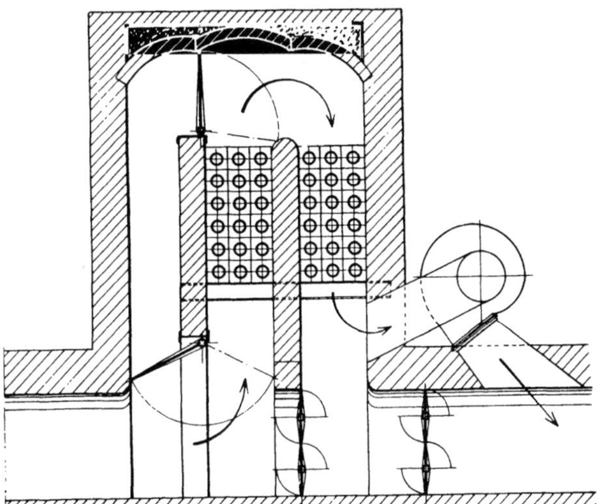

Abb. 66. Kleiner Zentralrippenrohrvorwärmer mit teilweise ausschaltbarer Heizfläche.

nicht sehr gesteigert werden. Als ein gutes Mittel zur Erreichung von hohen Gesamtwirkungsgraden erweisen sich dann Einbauten in die Flammrohre, wodurch die Temperatur der Rauchgase am Flammrohrende stark herabgedrückt wird.

Die Abb. 66 zeigt wieder einen Vorwärmer über dem Fuchs angeordnet. Die eine Gruppe kann durch geeignete Stellung der Rauchgasklappen ein- und ausgeschaltet werden. Bei diesem Projekt sollte im Sommer nur eine kleine Speisewassermenge aufgewärmt und im Winter noch Warmwasser für die Heizung hergestellt werden. Die Anlage sollte ebenfalls eine Zugverstärkungsanlage erhalten.

2. Teilkammerkessel.

Bei Teilkammerkesseln ergibt sich grundsätzlich der Einbau eines Vorwärmers durch die Art der Rauchgasführung im Kessel. Diese kann ergeben, daß die Rauchgase den Kessel unten, oben oder über dem Kessel verlassen.

Beim Gasaustritt an den tiefer gelegenen Teilen des Kessels müssen meist die Rauchgase nach Abb. 67 erst wieder nach oben geführt werden,

Abb. 67. Rippenrohrvorwärmer direkt hinter einem Teilkammerkessel mit hoher Gasgeschwindigkeit.

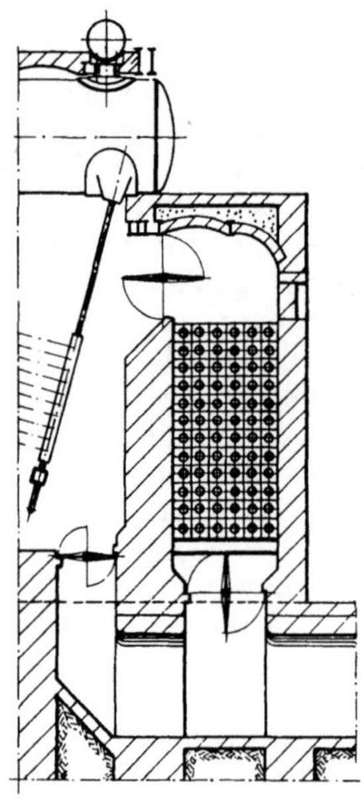

Abb. 68. Normaler Einbau eines Rippenrohrvorwärmers hinter einem Teilkammerkessel. Mäßige Gasgeschwindigkeit.

und man kann, wenn genügend Platz vorhanden ist und genügend Zug zur Verfügung steht, die Rauchgase mit hoher Geschwindigkeit in einer Vorwärmergruppe hochführen und in einer zweiten Vorwärmergruppe wieder abwärts nach dem Fuchs leiten. Ist eine Saugzuganlage mit dem

Kessel verbunden, so steht die gesamte Kesselhöhe über Kesselhausflur zum Einbau des Vorwärmers zur Verfügung.

Wesentlich besser sind die Einbauverhältnisse, wenn die Rauchgase so geführt werden, daß sie den Kessel durch die oberen Siederohre verlassen. Hierbei kann der Vorwärmer sehr bequem in dem abwärts führenden Gasstrom untergebracht werden. Es ist dann meist auch noch so viel Platz vorhanden, daß zwecks Ausschaltung der Vorwärmerrohre aus dem Gasstrom ein sog. Leerfuchs angebracht werden kann.

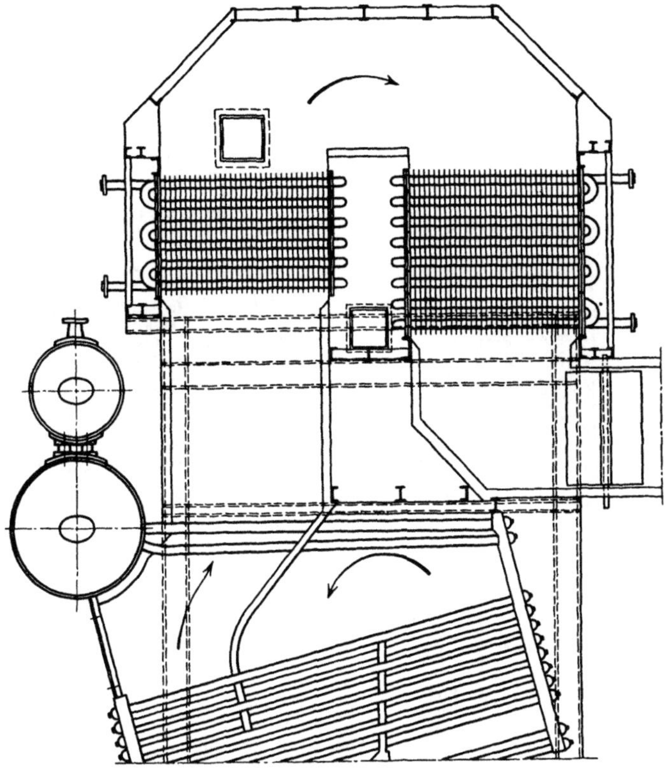

Abb. 69. Rippenrohrvorwärmer (Deutsche Hochdruck-Economiser-Ges. m. b. H., Mannheim) über einen Teilkammerkessel, Schiffstyp.

Bei Teilkammerschiffskesseln ordnete Babcock über dem Kessel den Vorwärmer an, und zwar bildete er ihn ähnlich den Teilkammern der Kessel als schmiedeisernen Vorwärmer aus. Es ist aber auch möglich, Rippenrohre nach dem Einbauvorschlag Abb. 69 unterzubringen. Diese Ausführung hat den Vorteil einer hohen Elastizität, und es kann ein reiner Gegenstrom erzielt werden. Diese Anordnung dürfte sich sehr gut für eine Zugerzeugung mit Ventilator eignen.

Bei Rosten für minderwertige Kohle, z. B. Braunkohle, kommen die Sektionen des Kessels sehr hoch zu liegen. Dies erweist sich für den Zusammenbau mit Vorwärmern sehr günstig, weil die Rauchgasführung der ganzen Anlage einfach gestaltet werden kann und die Vorwärmerrippenrohre so untergebracht werden können, daß sie mit Feuerung und Kessel einen einheitlichen Block bilden. Eine solche Anordnung zeigt die Abb. 16, die in bezug auf Gesamtanordnung eine geradezu ideale Lösung darstellt. Diese Anordnung eignet sich ganz besonders für Hochleistungskessel, bei denen die Einheitsbelastung sehr hoch ist. Da hierbei ein genügend großer Querschnitt für die Rauchgase vorgesehen werden muß, können die Rohre nur mit den Rohrachsen von vorn nach hinten zu liegen kommen, und es muß für die Zugänglichkeit der vorderen Krümmer oder Sammelrohre ein Gang geschaffen werden, der quer

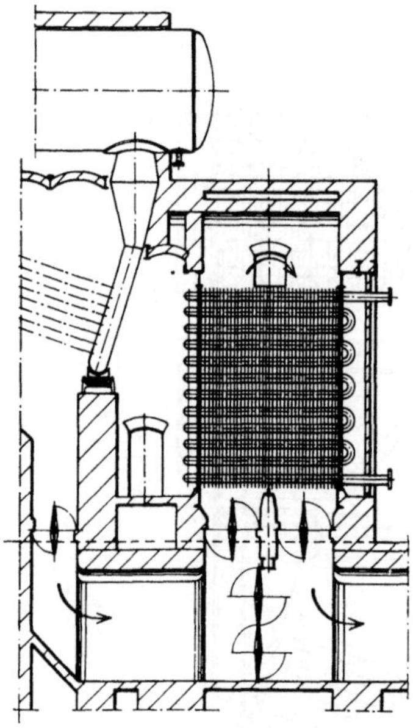

Abb. 70. Rippenrohrvorwärmer hinter einem Wasserkammerkessel. Verbindungen des Vorwärmers und Verschlüsse des Kessels von einem gemeinsamen Gang zugänglich.

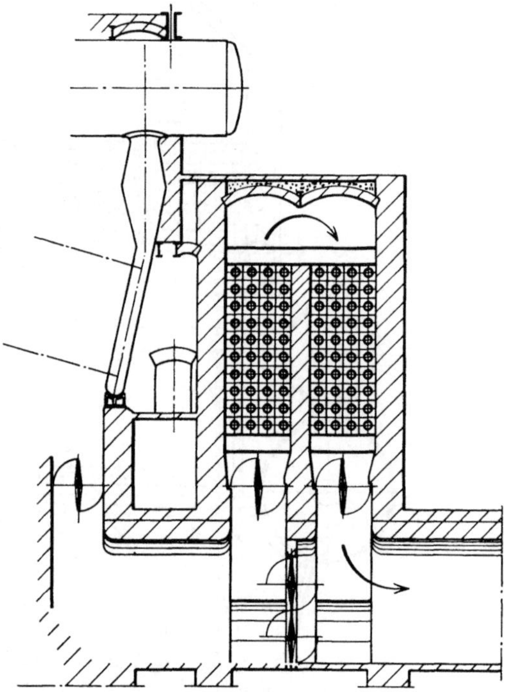

Abb. 71. Rippenrohrvorwärmer hinter einem Wasserkammerkessel. Hohe Gasgeschwindigkeit.

durch den ganzen Kesselblock hindurchführt. Die Beobachtungsmöglichkeit ist dadurch eine sehr gute, weil man von allen Seiten sehr gut an den Vorwärmer herankommen kann. Die Leer- oder Umgehungs kanäle ordnet man zweckmäßig zu beiden Seiten des Vorwärmers an, wodurch erreicht wird, daß die Vorwärmer nach den Seiten zu gut gegen Strahlungsverluste geschützt sind. Der Vorwärmer wird zweckmäßig in zwei oder drei Hauptvorwärmergruppen unterteilt. Dadurch wird die Möglichkeit geschaffen, daß eine große Kesseleinheit nicht wegen eines Defektes am Vorwärmer außer Betrieb gesetzt werden muß und der übrige, intakte Teil des Vorwärmers noch in Betrieb bleiben kann. Der gegebene Zug für eine solche Anordnung ist der natürliche Schornsteinzug. Der Zugbedarf ist wegen der einfachen Gasführung sehr gering.

3. Wasserkammerkessel.

Die Verhältnisse liegen hier ähnlich wie bei dem Teilkammerkessel, da dieser sich ja erst aus dem Wasserkammerkessel entwickelt hat. Meist ist die Gasführung so, daß die Rauchgase die Siederohre unten verlassen und zwecks Ausnutzung in einem Vorwärmer wieder hochgeführt werden müssen. Es ergeben sich dann Anordnungen nach den Abb. 70 und 71.

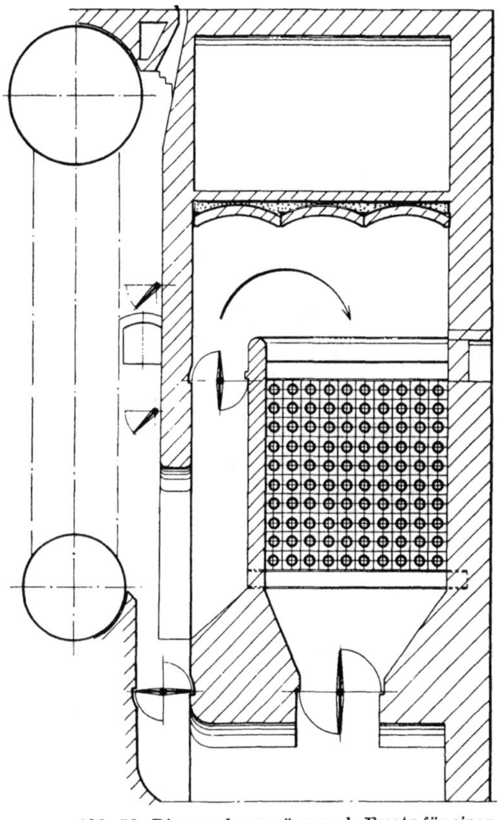

Abb. 72. Rippenrohrvorwärmer als Ersatz für einen schmiedeeisernen Vorwärmer. Deutlich tritt der geringe Raumbedarf hervor. Die oberste Decke rührt noch vom alten Vorwärmer her.

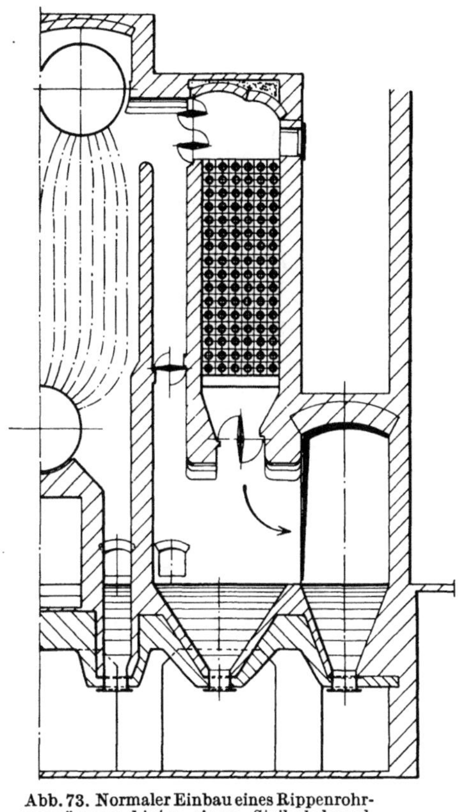

Abb. 73. Normaler Einbau eines Rippenrohrvorwärmers hinter einem Steilrohrkessel. Anordnung in einer oder zwei Gruppen nebeneinander, je nach Kesselgröße.

Die Verwendung des Wasserkammerkessels beschränkt sich heute nur noch auf vorhandene Anlagen. Aus diesem Grunde ist der jeweilige Einbau eines Vorwärmers ein Kompromiß aus den vorhandenen Platzverhältnissen, der Zugreserve und der Einbauweise der zu verwendenden Vorwärmerart. Den Rippenrohrvorwärmer wird man hierbei wegen des geringen Raumbedarfs vorziehen.

Abb. 15 zeigt einen Wasserkammerkessel, der gemeinsam mit einem Schabereconomiser zur Aufstellung gelangte. Der vorhandene Glattrohrvorwärmer erwies sich als zu klein, und eine Vergrößerung war nur durch den Einbau eines Rippenrohrvorwärmers möglich. Die verwendete Rippenrohrvorwärmer-Bauart ist eine Sonderkonstruktion. Da die eine Seite der Rohre, wie aus der Abb. 15 zu ersehen ist, nicht zugänglich gemacht werden konnte, konnte das Wasser nur durch ein in dem Rippenrohr angeordnetes Siederohr zugeführt werden, das bis ziemlich an das

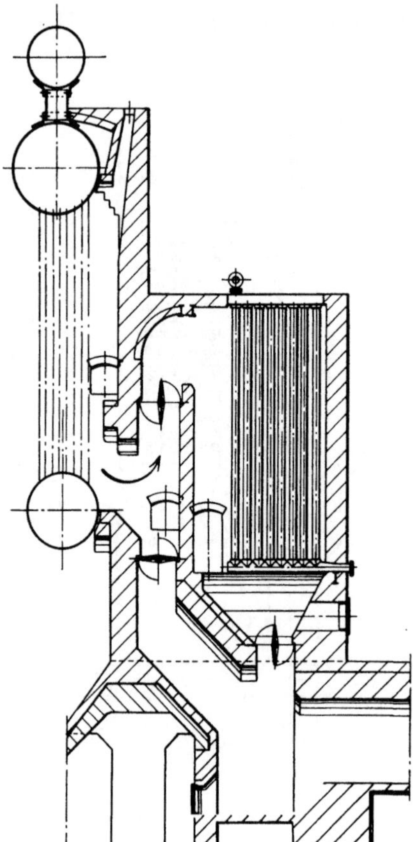

Abb. 74. Glattrohrvorwärmer hinter einem Garbekessel.

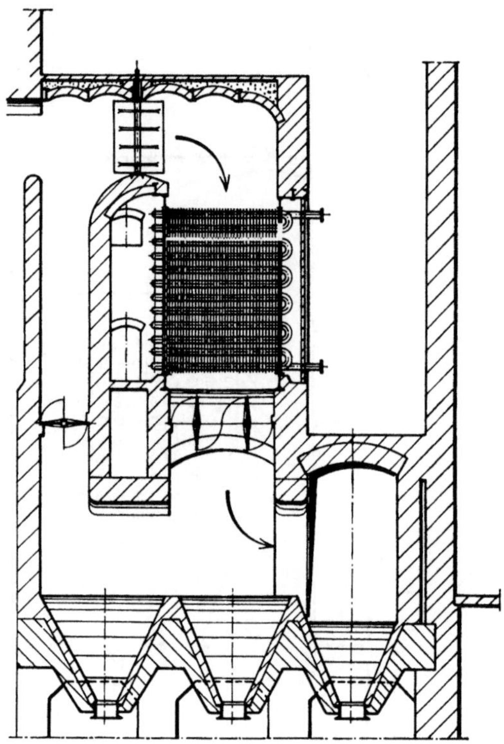

Abb. 75. Rippenrohrvorwärmer für große Gasmengen mit geringem Zugverlust. Die Rohre liegen mit der Achse von vorn nach hinten und können die ganze Kesselbreite einnehmen. Viel angewandte Anordnung bei der Verbrennung von Braunkohlen.

geschlossene Ende des Rippenrohres reicht. Durch eine sinnreiche Krümmeranordnung wird erreicht, daß das Wasser, welches durch ein Sammelrohr auf die senkrecht übereinander liegenden Rohrreihen verteilt wird, keinen allzu großen Widerstand findet. Die Teilströme des Wassers werden durch ein Sammelrohr am Austritt wieder zusammengefaßt. Diese Sonderkonstruktion stammt von der Deutschen Hochdruck-Economiser-Gesellschaft m. b. H., Mannheim. Die Anwendung geschieht nur in ganz seltenen Fällen, wie in dem angezogenen Beispiel.

4. Steilrohrkessel.

Die Steilrohrkessel-Konstruktionen sind sehr zahlreich. Hier kann auch wieder die mögliche Vorwärmeranordnung auf Grund des Gasaustritts gegeben sein. D. h., die Rauchgase können am unteren oder oberen Ende oder auch über dem Kessel für den Vorwärmer zur Verfügung stehen. Es ergeben sich ähnliche Konstruktionen, wie wir sie schon beim Teilkammerkessel erläutert haben. Wir geben hier nur noch eine Reihe von Ausführungen, die auf Grund der bisherigen Darlegungen verständlich sind.

Wie wenig Platz Rippenrohrvorwärmer beanspruchen, zeigt die Abb. 72, in der ein Rippenrohrvorwärmer an

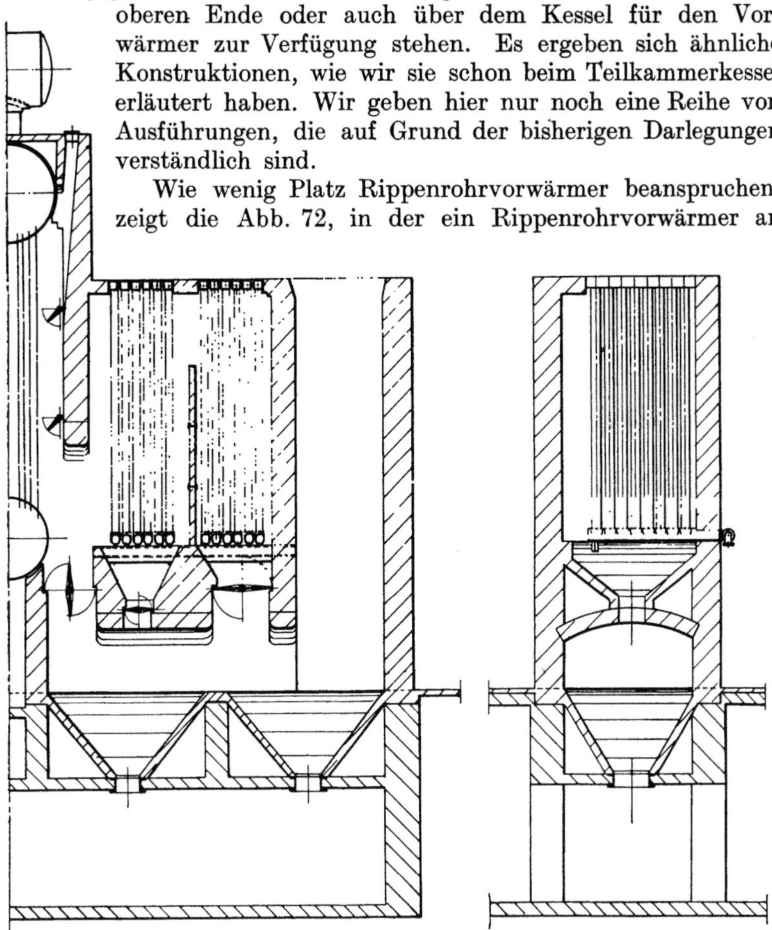

Abb. 76. Glattrohrvorwärmer hinter einem Garbekessel.

Stelle eines schmiedeisernen Vorwärmers eingebaut wurde. Der Vorwärmer konnte fast ohne Umänderung des vorhandenen Mauerwerks untergebracht werden, wobei nur die Hälfte des früher benötigten Raumes beansprucht wurde. Da die vorhandene Verankerung nicht abgerissen werden sollte, wurde in dem zur Verfügung stehenden Raum eine Decke eingezogen und der nicht benötigte Teil so abgegrenzt. Rauchgasklappen wurden unverändert beibehalten. Wir führen noch eine Reihe von Vorwärmeranordnungen vor, die von den vorerwähnten zwar wenig abweichen, jedoch allgemeines Interesse beanspruchen dürften.

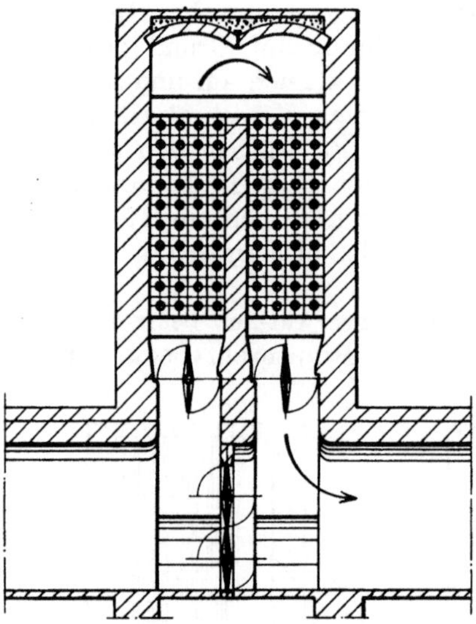

Abb. 77. Über dem Rauchgaskanal angeordneter Rippenrohrvorwärmer für hohe Gasgeschwindigkeiten. Auf- und absteigender Gaskanal mit Rohren ausgefüllt, weitgehende Ausnutzung des zur Verfügung stehenden Raumes.

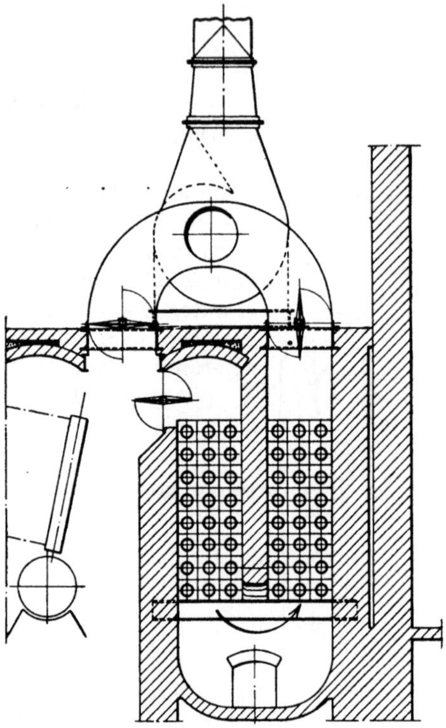

Abb. 78. Rippenrohrvorwärmer mit Saugzug.

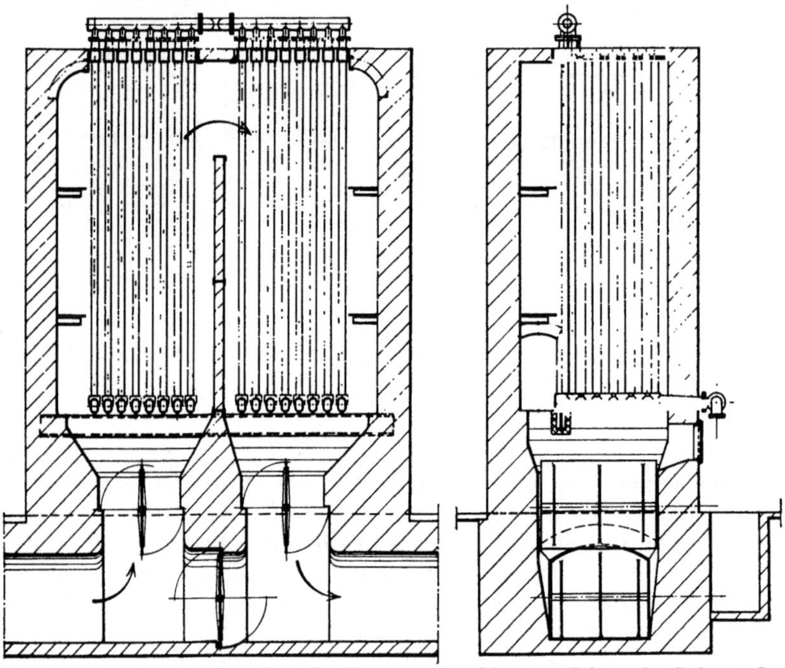

Abb. 79. Glattrohr-Zentraleconomiser. Die Rauchgase streichen parallel zu den Rohren. Zur Regelung des Zuges sind Deflektoren eingebaut.

f) Der Vorwärmer im Betrieb.

Der Rauchgasvorwärmer muß, wie jeder Apparat, öfters einer inneren und äußeren Reinigung unterworfen werden. Man erkennt eine innere und äußere Verschmutzung daran, daß mit der Zeit die Wasseraufwärmung immer mehr zurückgeht. Sobald sich die ersten Kennzeichen einer Verschmutzung bemerkbar machen, geht man zunächst an die äußere Reinigung. Diese soll, wie schon früher erwähnt, bei den alten Economisern Greenscher Bauart durch auf- und abgehende Schaber oder Schraper bewirkt werden. Bei den neuzeitlichen Rippenrohrvorwärmern kann dies nur durch sog. Rußbläser erreicht werden. Bietet die Konstruktion zwischen den Rippen genügend Platz, so kann man mit den Düsenrohren zwischen den Rippen hindurchfahren, und alsdann mit dem Dampf- oder Luftstrahl an Ort und Stelle eine sehr gute Wirkung erzielen[1]. Es hat sich gezeigt, daß bei Rauchgasen, die von Braunkohlen herrühren, selten eine äußere Reinigung stattzufinden braucht. Oft wird sogar bei Neuanlagen, bei denen Braunkohlen zur Verbrennung gelangen, auf den Einbau einer äußeren Reinigungsvorrichtung ganz verzichtet. Bei Brennstoffen, die zu starker Rußbildung neigen, nimmt man zweckmäßig in größeren Zwischenräumen Hauptreinigungen vor, wobei der Vorwärmer ganz aus dem Gasstrom ausgeschaltet wird. Eine kräftige Stahlbürste, die zwischen den Rippen hindurchgeführt werden kann, wird hierbei gute Dienste leisten. In Amerika hat man versucht, die gußeisernen Vorwärmer durch eine über dem Vorwärmer angebrachte Brause abzuwaschen. Hierdurch wird zweifellos eine gute Reinigung bewirkt. Es muß aber auch Sorge dafür getroffen werden, daß anschließend eine gute Trocknung vorgenommen wird, sonst wird die Reinigung illusorisch. Wenn die Eintrittstemperatur des Speisewassers hoch genug ist, wird die Temperatur der Rohrwand auch hoch genug sein, um das dort befindliche Reinigungswasser zu verdampfen. Ist dies jedoch nicht der Fall, so wird die Gefahr der äußeren Verschmutzung nicht beseitigt, sondern vergrößert.

Innen setzt sich leicht ein kesselsteinartiger Schlamm oder auch Kesselstein selbst ab. Besser ist es jedoch, wenn man es nicht zum Kesselstein kommen läßt. Den Schlamm kann man durch kräftiges Durchspülen leicht entfernen. Setzt man dem Reinigungswasser 5 bis 10% Salzsäure zu, so wird eine sehr wirksame Reinigung erzielt. Festere Rückstände beseitigt man durch Auskratzen, indem man bei horizontal gelagerten Rippenrohren die Krümmer abschraubt oder die besonders vorgesehenen Reinigungsdeckel entfernt.

Entsprechend der Pflege, die man einem Vorwärmer angedeihen läßt, ist auch die Lebensdauer verschieden lang. Völliges Dunkel herrscht heute noch bezüglich der Ursachen, die zu Explosionen von Vorwärmern führen. Hierfür gibt man verschiedene Ursachen an. Am einleuchtendsten erscheint die Erklärung, nach der häufige Wasserschläge zu Zer-

[1] Dampfblaserohre sind so an die Dampfleitung anzuschließen, daß beim Betrieb derselben kein Kondenswasser mitgerissen und gegen die Rohre geblasen wird.

störungen führen. Es tritt hierdurch eine Ermüdung des Materials ein. Die Zerstörung des Vorwärmers braucht nicht immer heftig in Form einer Explosion zu erfolgen. Auch kleinere Defekte werden auf die Wirkung von Wasserschlägen zurückzuführen sein. Eine Explosion findet auch nur dann statt, wenn das Speisewasser sehr hoch vorgewärmt wird. Durch eine plötzliche Drucksenkung wird im selben Moment dann Dampf entwickelt, der sich mit Gewalt den Weg ins Freie sucht.

Nach einer anderen Meinung sollen sich in sog. toten Ecken im Laufe der Zeit Kohlenoxydgase ansammeln, die zusammen mit falscher oder überschüssiger Luft ein explosives Gemisch bilden und auf irgendeine Art zur Entzündung kommen. Diese Entzündung könnte durch heiße Gase hervorgerufen werden, wenn deren Temperatur die Entzündungstemperatur des Gemisches erreicht. Die in den Vorwärmer eintretenden Rauchgase haben aber meist keine so hohe Temperatur. Man hat vorgeschlagen, diese Ecken mit einem anderen Teil des Rauchgaszuges durch Rohre zu verbinden und hofft, daß durch den vorhandenen Druckunterschied ein Absaugen der explosiblen Gase stattfindet. Ob dies auch in Wirklichkeit erreicht wird, erscheint fraglich. Die Gase finden in dem Verbindungsrohr einen höheren Widerstand als im Rauchgaszuge oder Vorwärmer. Daher findet in den meisten Fällen überhaupt keine Strömung statt, oder diese ist sehr gering. Viel besser ist es, solche Ecken überhaupt zu vermeiden, und es sollte das Bestreben des Konstrukteurs sein, die Form des Gasweges der Gasströmung anzupassen. Dies würde außerdem noch den Zugverlust auf ein Minimum herabsetzen.

Bei erfolgten Explosionen war es meist nicht möglich, die Richtigkeit dieser oder jener Vermutung bestätigt zu sehen. Die Explosionen zerstören alles in der nächsten Umgebung, und Augenzeugen sind entweder nicht mehr am Leben oder nicht vorhanden. Es bleibt daher vorläufig nur ein sachgemäßer Einbau, gutes Material und gewissenhafte Überwachung im Betrieb übrig, um Explosionen zu vermeiden.

B. Die Berechnung des Rauchgasvorwärmers.

a) Die Berechnung der Heizfläche.

Der wichtigste Teil der Berechnung eines Rauchgasvorwärmers ist die Bestimmung der Heizfläche. Der Rauchgasvorwärmer ist ein Wärmeaustauschapparat, bei dem der Wärme abgebende Teil die abziehenden Rauchgase von Dampfkesselfeuerungen, Öfen usw. sind, während der Wärme aufnehmende Teil das Speisewasser für den Dampfkessel oder das Umwälzwasser von Heizungen usw. ist. Auf beiden Seiten der trennenden Rohrwände sind beide Wärmeträger im stetigen Durchfluß begriffen, wobei sich die Temperaturen stetig ändern. Wie später noch gezeigt werden wird, ändern sich die Temperaturen nach der Exponentialfunktion. Der Einfachheit wegen nimmt man jedoch meist einen geradlinigen Verlauf an, was besonders bei kleinen Temperaturdifferenzen statthaft ist. Bedeuten daher:

Q = die stündlich übertragene oder zu übertragende Wärmemenge in Kilokalorien pro Stunde.
F = die rauchgasberührte Heizfläche in Quadratmeter.
k = die Wärmedurchgangszahl in Kilokalorien pro Quadratmeter, pro Stunde und pro Grad Temperaturdifferenz.
t_1 = die Temperatur der Rauchgase am Eintritt des V. in Grad Celsius.
t_2 = die Temperatur der Rauchgase am Austritt des V. in Grad Celsius.
$\Delta t = t_1 - t_2$ = die Abkühlung der Rauchgase durch den V. in Grad Celsius.
w_1 = die Temperatur des Speisewassers am Eintritt des V. in Grad Celsius.
w_2 = die Temperatur des Speisewassers am Austritt des V. in Grad Celsius.
$\Delta w = w_2 - w_1$ = die Aufwärmung (Vorwärmung) des Speisewassers im V. in Grad Celsius,

so lautet die Heizflächenformel:

$$Q = k \cdot F \cdot \left(\frac{t_1 + t_2}{2} - \frac{w_1 + w_2}{2}\right). \qquad (2)$$

Für den Gebrauch dieser Formel (2) ist die Bestimmung oder Wahl der vier Temperaturen t_1, t_2, w_1 und w_2 notwendig, wozu einige praktische Erfahrung und eine mehr oder weniger lange Rechnung erforderlich sind. Entsprechend der Wichtigkeit sind in diesem Buche den einzelnen Temperaturen und für deren Berechnung eine Reihe besonderer Kapitel gewidmet.

Die Gleichung (2) ist eine direkte Nachbildung der Gleichung für den Wärmeübergang von einer Flüssigkeit an eine Wand. Sie lautet:

$$Q = \alpha \cdot F \cdot (t_F - t_W). \qquad (3)$$

Hierin bedeuten:

Q = die stündlich übertragene oder zu übertragende Wärmemenge in Kilokalorien pro Stunde,
F = die rauchgasberührte Heizfläche in Quadratmeter,
α = die Wärmeübergangszahl in Kilokalorien pro Quadratmeter, pro Stunde und pro Grad Temperaturdifferenz,
t_F = die Temperatur der Flüssigkeit in Grad Celsius,
t_W = die Temperatur der Wand in Grad Celsius.

Bei Rauchgasvorwärmern ist die Wärmeübergangszahl von den Rauchgasen an die Rohrwand (rauchgasberührte Heizfläche) immer schlechter als diejenige von der Wand zum Wasser. Es können also immer genügend Wärmemengen abtransportiert werden, wenn nur auf der Rauchgasseite die Heizfläche so groß ausgebildet wird, daß genügend Wärmemengen herangeschafft und übertragen werden können. Es ist also die sog. „rauchgasberührte“ Heizfläche für den Gesamtdurchgang maßgebend, und die Wärmedurchgangszahl wird in der Hauptsache eine Funktion der Wärmeübergangszahl α auf der Rauchgasseite sein. Die Wandtemperatur ist meist nur wenige Grad höher als die des Wassers. Für Gleichung (3) kann man daher setzen:

$$Q = f(\alpha) \cdot F_{\text{Rauchgas}}(t_{\text{Rauchgas}} - t_{\text{Wasser}}) .$$

Da die Temperaturen t_{Rauchgas} und t_{Wasser} veränderlich sind, müssen dafür die arithmetischen Mittel zwischen Eintritt und Austritt gesetzt werden. Wegen $k = f(\alpha)$ erhalten wir so schließlich die Form der Gleichung (2).

Wegen des großen Unterschiedes der Wärmeübergangszahlen zu beiden Seiten der Rohrwand kann die rauchgasberührte Heizfläche ein Vielfaches der wasserberührten Heizfläche sein. Auf dieser Erscheinung beruht die Konstruktion von Rippenrohrvorwärmern, bei denen die äußere Rohrfläche, also rauchgasberührte Fläche, durch Rippen künstlich vergrößert wird.

Die Gleichung (2) gilt für Gegenstrom. Für die Fälle, in denen die beiden Flüssigkeiten im Gleichstrom, Gegenstrom oder Kreuzstrom aneinander vorbeifließen, werden später noch genauere Formeln abgeleitet werden. In der Form

$$\frac{Q}{k\left(\frac{t_1 + t_2}{2} - \frac{w_1 + w_2}{2}\right) \cdot k} = F \tag{4}$$

dient die Gleichung zur Berechnung der Heizfläche. Sie kann aber auch zur Berechnung von Temperaturen oder deren Verlauf bei gegebener Heizfläche verwandt werden. Zu diesem Zwecke müssen wir eine Umformung wie folgt vornehmen:

$$\frac{L \cdot \Delta w}{t_1 + t_1 - \Delta t - w_1 - w_1 - \Delta w} = \frac{k \cdot F}{2} ,$$

$$\Delta w = \frac{2(t_1 - w_1)}{\frac{2 \cdot L}{k \cdot F} + \frac{\Delta t}{\Delta w} + 1} . \tag{5}$$

Die Gleichung (5) erhalten wir, wenn wir $Q = L \cdot \Delta w$ setzen und

$$w_2 - w_1 = \Delta w,$$
$$t_1 - t_2 = \Delta t.$$

L bedeutet die stündlich durch den Vorwärmer um Δw vorgewärmte Speisewassermenge in Kilogramm. Die Gleichung (5) könnte an sich noch nicht zur Bestimmung von Δw dienen, da das Verhältnis

$$m = \frac{\Delta t}{\Delta w}, \tag{6}$$

welches wir spezifische Gasabkühlung (s. S. 80) nennen wollen, die Unbekannte Δw enthält. Das Verhältnis m kann aber durch andere, meist gegebene Werte ausgedrückt werden. Hierüber gibt der Abschnitt c, 7 Auskunft. Außer L, k, F und m müssen noch die Temperaturen t_1 und w_1 gegeben sein. Der seltenere Fall, bei dem statt w_1 die Temperatur w_2 gegeben ist, berücksichtigt folgende auf gleiche Weise abgeleitete Gleichung

$$\Delta w = \frac{2(t_1 - w_2)}{\frac{2 \cdot L}{k \cdot F} + \frac{\Delta t}{\Delta w} - 1}. \tag{7}$$

Bei manchen Rechnungen ist nicht t_1 gegeben, sondern t_2. Die entsprechenden Gleichungen für (5) und (7) sind:

$$\Delta w = \frac{2(t_2 - w_1)}{\frac{2 \cdot L}{k \cdot F} - \frac{\Delta t}{\Delta w} + 1} \tag{8}$$

und

$$\Delta w = \frac{2(t_2 - w_2)}{\frac{2 \cdot L}{k \cdot F} + \frac{\Delta t}{\Delta w} - 1}. \tag{9}$$

Zahlenbeispiel. Es sei gegeben:

$$w_1 = 50°,$$
$$t_1 = 530°,$$
$$\Delta w = 165°,$$
$$m = 2{,}25,$$
$$L = 21000 \text{ kg};$$

dann wird die Heizfläche

$$F = \frac{21000 \cdot 165}{\left(\frac{530 + 159}{2} - \frac{50 + 215}{2}\right) \cdot 11{,}65} = 1400 \text{ qm},$$

wenn man noch $k = 11{,}65$ setzt und

$$\Delta t = 2{,}25 \cdot 165 = 371°,$$
$$t_2 = 530 - 371 = 159°$$

berechnet.

Die Gleichungen (5), (7), (8) und (9) eignen sich sehr gut zur Berechnung des Temperaturverlaufs längs der Heizfläche. Man teilt zu diesem Zwecke F in n gleiche Teile und berechnet für $\frac{F}{n}$; $2 \cdot \frac{F}{n}$;

$3 \cdot \frac{F}{n} \ldots n \cdot \frac{F}{n}$ die Werte $\Delta_1 w$, $\Delta_2 w$, $\Delta_3 w \ldots \Delta_n w$. Durch Multiplikation mit dem Werte m erhält man dann auch die Gasabkühlungen $\Delta_1 t$, $\Delta_2 t$, $\Delta_3 t \ldots \Delta_n t$. Für unser Beispiel erhalten wir mit $n = 7$ die nachfolgende Zahlentafel:

Zahlentafel 2. Verlauf der Temperaturen.

F qm	Δw°	w_2°	Δt°	t_2°
0	0	50	0	159
200	45	95	101	260
400	78,5	128,5	177	336
600	104	154	234	393
800	124	174	279	438
1000	140	190	315	474
1200	154	204	346	505
1400	165	215	371	530

Aus diesem Beispiel ist ersichtlich, daß die Heizfläche in ihrer Wirkung nach dem Ende zu sehr stark abnimmt.

Für genaue Rechnungen muß der logarithmische Verlauf zugrunde gelegt werden. Die entsprechende Formel lautet

für Gleichstrom

$$\frac{t_1 - w_1}{t_2 - w_2} = e^{-\mu k \cdot F}, \tag{10}$$

für Gegenstrom

$$\frac{t_1 - w_2}{t_2 - w_1} = e^{-\mu k \cdot F}, \tag{11}$$

wobei

$$\mu = \frac{1}{\eta_E \cdot W_G} \pm \frac{1}{W_W} \tag{12}$$

und

W_G = der Wasserwert der Rauchgase

W_W = der Wasserwert des Wassers ist.

Führen wir für das Verhältnis $\frac{W_w}{\eta_E W_G}$ den Buchstaben m ein, so erhalten wir

$$\frac{1}{\eta_E W_G} = \frac{m}{W_w}$$

und

$$\mu = \frac{m}{W_w} \pm \frac{1}{W_w} = \frac{1}{W_w}\left(m \pm 1\right).$$

Für Vorwärmer von Dampfkesseln wird $W_w = L$, und wir erhalten

$$\mu = \frac{1}{L}\left(m \pm 1\right). \tag{12a}$$

Die Ableitung der Gleichungen (10) und (11) befindet sich in den meisten Lehrbüchern über Wärmeübertragung (Gröber, ten Bosch, Merkel), so daß an dieser Stelle davon abgesehen werden kann. In dem Wert μ ist aber zum Unterschied mit jenem obiger Verfasser der Wirkungsgrad η_E des Vorwärmers (s. Kapitel Wirkungsgrad) enthalten, welcher den Wärmeverlust nach außen hin berücksichtigt. Das Pluszeichen der Gleichung (12) gilt für Gleichstrom, das Minuszeichen für Gegenstrom. Es gibt noch eine Gleichung für Kreuzstrom. Diese ist aber sehr unhandlich. Die Wirkungsweise der Kreuzstromanordnung liegt zwischen Gleich- und Gegenstrom.

Man kann mit den Gleichungen (10) und (11) eine ähnliche Umformung vornehmen wie mit der Gleichung (4), und man erhält

$$\left.\begin{aligned} \Delta w &= \frac{(t_1 - w_1)\,(1 - e^{-\mu k \cdot F})}{\left(\frac{\Delta t}{\Delta w} + 1\right)} \quad \text{(Gleichstrom)}, \\ \Delta w &= \frac{(t_1 - w_1)\,(1 - e^{-\mu k \cdot F})}{\left(1 - \frac{\Delta t}{\Delta w} \cdot e^{-\mu k \cdot F}\right)} \quad \text{(Gegenstrom)}; \end{aligned}\right\} \qquad (13)$$

$$\left.\begin{aligned} \Delta w &= \frac{(t_2 - w_2)\,(e^{-\mu k \cdot F} - 1)}{\left(\frac{\Delta t}{\Delta w} - e^{-\mu k \cdot F} + 1\right)} \quad \text{(Gleichstrom)}, \\ \Delta w &= \frac{(t_2 - w_2)\,(1 - e^{-\mu k \cdot F})}{\left(e^{-\mu k \cdot F} - \frac{\Delta t}{\Delta w}\right)} \quad \text{(Gegenstrom)}; \end{aligned}\right\} \qquad (14)$$

$$\left.\begin{aligned} \Delta w &= \frac{(t_1 - w_2)\,(e^{-\mu k \cdot F} - 1)}{\left(1 + \frac{\Delta t}{\Delta w} \cdot e^{-\mu k \cdot F}\right)} \quad \text{(Gleichstrom)}; \\ \Delta w &= \frac{(t_1 - w_2)\,(e^{-\mu k \cdot F} - 1)}{\left(1 - \frac{\Delta t}{\Delta w}\right)} \quad \text{(Gegenstrom)}, \end{aligned}\right\} \qquad (15)$$

$$\left.\begin{aligned} \Delta w &= \frac{(t_2 - w_1)\,(e^{-\mu k \cdot F} - 1)}{\left(e^{-\mu k \cdot F} + \frac{\Delta t}{\Delta w}\right)} \quad \text{(Gleichstrom)}. \\ \Delta w &= \frac{(t_2 - w_1)\,(e^{-\mu k \cdot F} - 1)}{\left(\frac{\Delta t}{\Delta w} - 1\right)} \quad \text{(Gegenstrom)}, \end{aligned}\right\} \qquad (16)$$

Zahlenbeispiel. Legen wir die Zahlenwerte von unserem vorhergehenden Beispiel zugrunde, so erhalten wir, wenn wir die vier Temperaturen beibehalten:

$$\ln\frac{t_1 - w_2}{t_2 - w_1} = -\mu k \cdot F = \ln\frac{530 - 215}{159 - 50} = 1{,}06122\,.$$

Da sich die Temperaturänderungen umgekehrt wie die Wasserwerte der beiden Flüssigkeiten verhalten, so erhalten wir

$$m = \frac{W_W}{W_G \cdot \eta_E} = 2{,}25\,,$$

$$\eta_E \cdot W_G = \frac{W_W}{2{,}25} = \frac{21\,000}{2{,}25}\,,$$

$$\mu = \frac{1}{\eta_E \cdot W_G} - \frac{1}{W_W} = \frac{2{,}25}{W_W} - \frac{1}{W_W}\,,$$

$$\mu = \frac{2{,}25 - 1}{W_W} = \frac{1{,}25}{21\,000}\,,$$

$$k = \frac{1{,}06122 \cdot 21\,000}{1400 \cdot 1.25} = 12{,}70$$

für Gegenstrom, da die Temperaturverhältnisse keinen Gleichstrom zulassen ($w_2 = 215$ ist größer als $t_2 = 159$). Dieses Beispiel zeigt, daß bei derselben Heizfläche und bei denselben Temperaturen sich ein anderer k-Wert errechnet, wenn wir an Stelle des arithmetischen Temperaturmittels das logarithmische verwenden (siehe auch Abschnitt c, 10).

b) Die Temperaturen.

1. Die Gastemperatur am Eintritt (t_1).

Die Gastemperaturen am Ende von Dampfkesseln ändern sich mit der Belastung der Rostfläche, mit dem Dampfdruck, mit der Feuerungsart und mit der darin verbrannten Brennstoffsorte. Außerdem sind sie verschieden durch die Feuerführung (hoher oder niedriger Luftüberschuß) und durch die Art des Dampfkessels. Daher wird die Dampfkesselfirma am besten je nach den Erfahrungen mit der von ihr vertretenen Kesseltype Angaben über die Abgastemperatur machen können. Rechnerisch läßt sich der Verlauf der Gastemperatur mit unserem heutigen Wissen noch nicht erfassen. Die bisweilen vorgenommenen Versuche haben meist nur beschränkten Anwendungsbereich. Solange jede Kesselfirma den Ehrgeiz hat, eine besondere Kesselkonstruktion herauszubringen, wird unser Wissen und die wissenschaftliche Durchdringung der Dampfkesseltechnik nur Stückwerk bleiben.

Soll eine vorhandene Anlage mit einem Vorwärmer ausgerüstet werden, so ist es unbedingt notwendig, die der normalen Kesselbelastung entsprechende Abgastemperatur zu messen. Auch der Kohlensäuregehalt und der vorhandene Wirkungsgrad kann bei der Berechnung gute Dienste leisten. Will man ganz sicher gehen, so muß man bedenken, daß durch den Einbau eines Rauchgasvorwärmers bei gleichbleibender stündlicher Dampfleistung die Rostbelastung und die Belastung der Kesselheizfläche zurückgeht. Damit geht aber auch die Abgastemperatur herunter. Die bei der normalen Belastung gemessene Temperatur ist daher nicht die Temperatur, die sich später bei eingebautem Vorwärmer einstellt. Ist die Abhängigkeit der Abgastemperatur von der Heizflächenbelastung bekannt, so muß man die nach erfolgter Wasservorwärmung sich tatsächlich einstellende Kesselbelastung feststellen und die dieser Belastung entsprechende Temperatur einsetzen. Hierbei kann die Abb. 80[1] gute Dienste leisten, in der der Temperaturverlauf verschiedener Kesseltypen dargestellt ist. (S. auch das Kapitel: Entlastung eines stark belasteten Kessels durch einen Rauchgasvorwärmer.)

Allgemein wird die Belastung, auch wenn ein Rauchgasvorwärmer vorhanden ist, nur auf die Kesselheizfläche bezogen. Dies ist allgemein üblich, entspricht aber nicht der tatsächlichen Belastung der Kesselheizfläche. Richtiger wäre es, wenn von der Erzeugungswärme der Anteil des Vorwärmers und Überhitzers erst abgezogen würde. Man würde so die tatsächliche Belastung (Wärmebelastung) erhalten.

[1] Aus: Herberg, Handbuch der Feuerungstechnik und des Dampfkesselbetriebes. 4. Aufl. Berlin: Julius Springer 1928.

Hat der Einbau des Vorwärmers den Zweck, die stündliche Dampfleistung eines nicht weiter überlastbaren Dampfkessels zu steigern, so braucht man eine Umrechnung zwecks Feststellung der sich etwa einstellenden Abgastemperatur nicht vorzunehmen. Die Temperatur wird dann nach erfolgtem Einbau des Vorwärmers ungefähr dieselbe bleiben. In solchen Fällen kann der Vorwärmer unter Umständen dazu dienen, die notwendig werdende Anschaffung eines neuen Kessels hinauszuschieben oder ganz zu vermeiden. Es muß natürlich hierbei auch eine Vergrößerung des Rostes möglich sein.

Soll der Vorwärmer nicht in Verbindung mit einem Kessel zur Aufstellung kommen, sondern die Abgase eines Dieselmotors, eines Zementofens usw. ausnutzen, so hat man mit ganz verschiedenen Temperaturen zu rechnen.

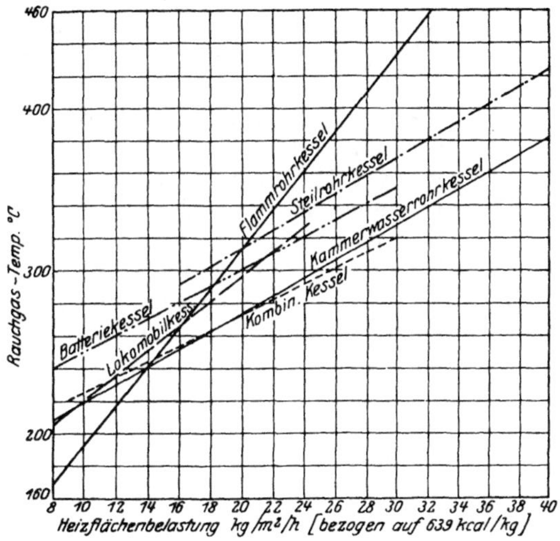

Abb. 80. Gastemperatur hinter Dampfkesseln bei verschiedenen Belastungen.

Für die Höhe der Abgastemperaturen von Dieselmotoren sei auf die Arbeit von Oppitz: Die Abwärmeverwertung bei Schiffsmotoren[1] hingewiesen, die ausführlich über diesen Gegenstand berichtet. Hiernach hängt die Höhe der Abgastemperatur von der Art des Treiböles, den Kühlwasserverhältnissen und bei Zweitaktmotoren von der Spülluftmenge ab. Sie schwankt in den Grenzen von 200 bis 300°. Zur Verfügung steht eine Abgasmenge von 4 bis 4,3 nm^3/PS_e.

Nach Schneider[2] beträgt die Abgastemperatur hinter

Leuchtgasmotor	350 bis 600°
Koksofenmaschine	400 „ 500°
Generatorgasmaschine	350 „ 500°
Gichtgasmaschine	400°

Nach Herberg betragen die Abgastemperaturen hinter

Retorten- und Kammeröfen	400 bis 650°
Siemens-Martin-Regenerativöfen	600 „ 750°
Stoß- und Rollöfen	600 bis 900 „ 1200°
Glühöfen für Federn mit Ölfeuerung . . .	600 „ 700°
Gasgeneratoren	600 „ 800°

[1] Oppitz: Arch. Wärmewirtsch. 9, 81.
[2] Balcke: Die Abwärmetechnik. 1. München u. Berlin: R. Oldenbourg.

Bei der Zementfabrikation entstehen pro Tonne Klinkerleistung stündlich

5410 kg Rauchgase beim Naßverfahren und
3630 „ Rauchgase beim Trockenverfahren[1].

Die Rauchgase haben hierbei eine Temperatur hinter dem Drehofen von

400° beim Naßverfahren und
700° beim Trockenverfahren[1].

2. Die Gastemperatur am Austritt (t_2).

Für die Höhenlage der Rauchgastemperatur hinter dem Vorwärmer können verschiedene Gesichtspunkte maßgebend sein. Das auszunutzende Temperaturgefälle der Rauchgase wird in der Hauptsache bestimmt durch:

1. die Art des Zuges (Schornsteinzug oder künstlicher Zug),
2. schon vorhandene Zugstärken (Schornsteinabmessungen),
3. Vor- oder Nachschalten eines Lufterhitzers,
4. eine vorgeschriebene Wasseraufwärmung und
5. eine gegebene Heizfläche.

Als Norm kann man für die Gastemperatur hinter dem Vorwärmer 180 bis 200° der Berechnung zugrunde legen. Zuweilen ist es sogar bei Schornsteinzug möglich, auf 150 bis 160° herunterzugehen. Dies ist immer der Fall, wenn der Schornstein so hoch ist, daß er noch genügend Zug ergibt und auch dann, wenn noch andere Kessel ihre Abgase mit genügend hoher Temperatur in denselben Schornstein schicken, die dann mit ihrer Temperatur den nötigen Zug erzeugen. In allen Fällen ist es gut, sich vorher über die Zugverhältnisse genau zu orientieren und gegebenenfalls Messungen vorzunehmen. Vor unangenehmen Überraschungen ist man dann gesichert (vgl. auch Kapitel: Zugverhältnisse).

Bei natürlichem Zug liegen die Verhältnisse immer ungünstiger als bei künstlichem Zug, denn bei künstlichem Zug kann man auf 120 bis 130° heruntergehen. In amerikanischen Kraftwerken sind niedrige Temperaturen keine Seltenheit. Jedoch ist man in Deutschland bestrebt, solche niedrige Temperaturen zu vermeiden, um den Taupunkt nicht zu unterschreiten und um so Korrosionen der Heizflächen und das Verschmutzen derselben zu verhüten.

Ein vorgeschalteter Lufterhitzer beeinflußt lediglich die Eintrittstemperatur in den Speisewasservorwärmer und wird meist dort vorgeschaltet, wo eine hohe Lufttemperatur gewünscht wird und gleichzeitig das Wasser mit einer niederen Temperatur in den Vorwärmer eintritt. Es ergeben sich so für beide Teile wegen der hohen Temperaturdifferenzen relativ kleine Heizflächen. Verträgt der Rost jedoch keine so hohe Lufttemperatur, so ordnet man zweckmäßig den Lufterhitzer

---

[1] Siehe Karl Blume: Verwertung der Rauchgase von Drehöfen in Abhitzekesseln. Arch. Wärmewirtsch. **9**, 115.

hinter dem Speisewasservorwärmer an. Für das auszunützende Temperaturgefälle ist dann die für den Lufterhitzer benötigte Eintrittstemperatur maßgebend. Für den Vorwärmer stehen in diesem Falle höhere Temperaturen zur Verfügung, und daher kann die Temperatur des eintretenden Speisewassers größer sein (Kondensat, durch Anzapfdampf vorgewärmtes Speisewasser). Das günstigste Verhältnis wird man aber erst bei der genauen Durchrechnung feststellen können.

Welche Abkühlung eine verlangte Wasseraufwärmung und Heizfläche hervorrufen, wird in den besonderen Kapiteln gezeigt werden.

3. Die Wassertemperatur am Eintritt (w_1).

Die Höhe der Temperatur des Speisewassers am Eintritt in den Vorwärmer ist oft sehr verschieden, je nachdem reines Leitungswasser (10°), Flußwasser (0—20°) oder Kondensat (60 bis 70)° zur Verfügung stehen. Letzteres wird meist mit Frischwasser oder solchem, das einen besonderen Wasserreiniger verläßt, gemischt. Niedrige Speisewassertemperatur ist für den Wärmedurchgang günstig, da sich eine höhere Temperaturdifferenz zwischen Rauchgasen und Speisewasser ergibt. Jedoch ist hierbei zu beachten, daß eine bestimmte Grenze nicht unterschritten wird. Diese Grenze ist der sog. Taupunkt der Rauchgase.

Die gebräuchlichen Brennstoffsorten enthalten alle einen gewissen Teil hygroskopischen Wassers. Dieses wird bei der Verbrennung frei und ein Teil der Brennstoffwärme wird zu seiner Verdampfung aufgewandt. Außerdem gelangt die Kohle und die Verbrennungsluft in die Feuerung mit einem Prozentsatz natürlichen Wassers oder Wasserdampfes. Die Rauchgase enthalten daher mehr oder weniger Wasserdampf. Man ist gewohnt, den Wasserdampfteil der Rauchgase als Feuchtigkeit zu bezeichnen, während man das noch übrigbleibende Gasgemisch trockene Rauchgase nennt; im Gegensatz zu der gesamten Rauchgasmenge, die man entsprechend als feuchte Rauchgase bezeichnet. Die Rauchgase unterliegen nun hinsichtlich der Aufnahme und des Ausscheidens (Tau) des Wasserdampfes denselben Gesetzen wie die atmosphärische Luft.

Nach dem Daltonschen Gesetz verdampft eine Flüssigkeit in einem mit einem Gase erfüllten Raum bezüglich Dampfmenge und Dampfdruck nahe bis zu ihrem für das Vakuum geltenden Sättigungszustande. Der Gesamtdruck im Raume ist gleich der Summe der Partialdrucke der einzelnen Bestandteile. Die Partialdrucke verhalten sich wie die Volumenanteile der einzelnen Bestandteile. Um also diejenige Temperatur zu bestimmen, bei der die Rauchgase gerade mit Wasserdampf gesättigt sind und unterhalb welcher der Dampf als Wasser (oder Tau) ausfällt, brauchen wir nur den Volumenanteil des Wasserdampfes zu bestimmen. Setzen wir dann den Luftdruck, bei welchem die Verbrennung vor sich geht, durchschnittlich gleich einer Atmosphäre absolut, so ist der Volumenanteil dann auch gleich dem Partialdruck des Wasserdampfes in Atmosphären absolut. Die Taupunktstemperatur ist dann gleich der dem Partialdruck entsprechenden Sättigungstemperatur.

Bezeichnen wir mit

v_g = gesamtes Rauchgasvolumen in Mol oder Normal-Kubikmeter, herrührend von 1 kg Brennstoff,
v_{t_r} = trockenes Rauchgasvolumen in Mol oder Normal-Kubikmeter, herrührend von 1 kg Brennstoff,
v_w = Wasserdampfvolumen in Mol oder Normal-Kubikmeter, herrührend von 1 kg Brennstoff,
p_w = der Partialdruck des Wasserdampfes,

so erhalten wir

$$p_w = \frac{v_w}{v_t + v_w}. \tag{17}$$

In der Abb. 81 sind die Sättigungstemperaturen als Funktion vom Teildruck aufgetragen. Aus ihr kann die Sättigungstemperatur zu dem in Gleichung (17) gefundenen Teildruck aufgesucht werden. Bei Glattrohrvorwärmern ist die Temperatur der Rohrwand auf der Rauchgasseite nur wenige Grad höher als das an der betreffenden Stelle befindliche Speisewasser auf der Innenseite. Bei Rippenrohren ist der Unterschied zwischen diesen beiden Temperaturen etwas größer, da die Rippenköpfe eine höhere Temperatur haben müssen, um noch einen Wärmefluß in den Rippen zu ermöglichen. Die auf der Rauchgasseite entlangziehenden Rauchgase kühlen sich in der an der Rohrwand haftenden Schicht (Prandtlschen Grenzschicht) bis nahe der Wandtemperatur und damit auch der Speisewassertemperatur ab. Daher muß am Eintritt das Speisewasser eine Temperatur haben, die oberhalb der Taupunktstemperatur der Rauchgase liegt, um zu vermeiden, daß sich der Dampf als Wasser niederschlägt.

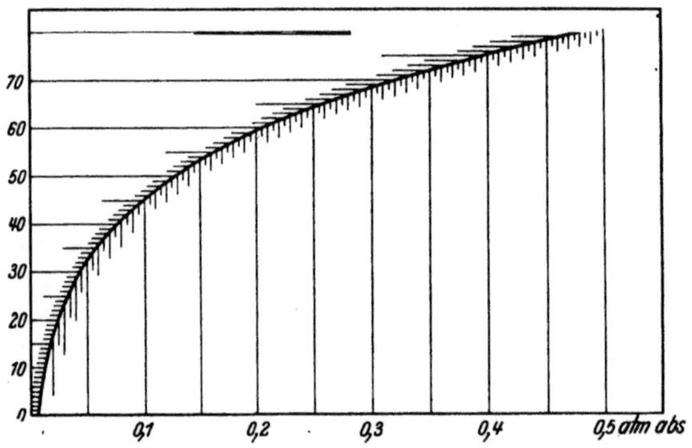

Abb. 81. Teildrücke und Taupunktstemperaturen.

Schlägt sich der Wasserdampf an der Rohrwand nieder, so bildet sich mit dem in den Rauchgasen enthaltenen Schwefeldioxyd schweflige Säure, die dann die Rohre anfrißt. Dieser Vorgang ist ein Teil jener Wirkungen, die man oft mit dem Sammelausdruck „Zahn der Zeit" bezeichnet. Rauchgase, die bei der Verbrennung von Steinkohlen entstehen, führen meist auch eine mehr oder minder große Menge Ruß mit sich und verschmieren mit dem sich niederschlagenden Wasser die äußere Rohrwand. Durch mitgeführte Flugasche kann der äußere Belag der Rohrwand noch wesentlich vergrößert werden. Die Folge der äußeren Verschmierung ist ein verminderter Wärmedurchgang. Diese Erscheinung tritt bei Braunkohlengasen nicht so sehr in Erscheinung, da diese nicht so viel Ruß enthalten. Für die Entfernung des äußeren Belages hat man bei glatten Rohren sog. Kratzer oder Schraper, die mechanisch auf und ab geführt werden (s. Kapitel: Der Vorwärmer im Betrieb).

Die Eintrittstemperatur des Speisewassers spielt daher im Betriebe eine sehr wichtige Rolle. Für die Fälle, in denen die Analysenwerte des verbrannten Brennstoffes nicht bekannt sind, tut die Zahlentafel 3 gute Dienste, in der für einen Kohlensäuregehalt der Rauchgase von 6 bis 15% und einem Wassergehalt des Brennstoffes von 10 bis 60% die Taupunktstemperaturen aufgeführt sind. Da diese Werte Mittelwerte darstellen, tut man gut, wenn man den gefundenen Wert zur Sicherheit auf volle 5° nach oben hin aufrundet. In Abb. 82 sind diese Werte graphisch dargestellt[1]. Bei der Berechnung der Taupunkts-

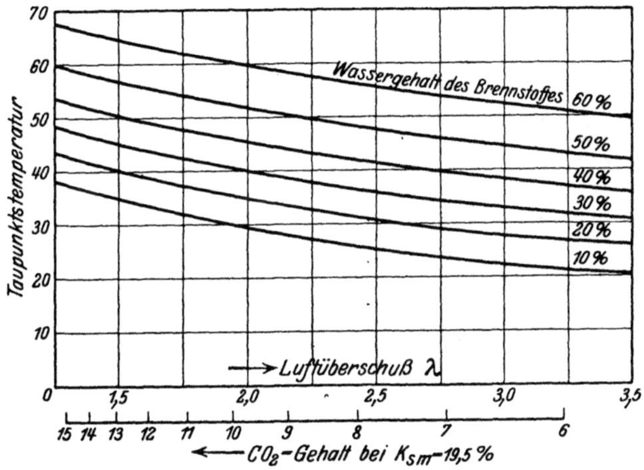

Fig. 82. Taupunktstemperaturen für Brennstoffe mit verschiedenem Wassergehalt.

temperaturen kann man für die Luftfeuchtigkeit einen Zuschlag von $0{,}01 \cdot v_g$ machen, der dann einer Dunstsättigung von

58% bei 20° Lufttemperatur und
43% bei 25° Lufttemperatur

entspricht.

Zahlentafel 3. Taupunktstemperaturen.

Wassergehalt der Kohle in %	Kohlensäuregehalt der Rauchgase in %									
	6	7	8	9	10	11	12	13	14	15
10	21,0	23,5	25,5	28,0	30,0	32,0	33,5	35,0	36,5	37,5
20	27,0	29,0	31,0	33,5	35,5	37,0	39,0	40,0	41,5	43,0
30	32,0	34,5	36,5	38,5	40,5	42,0	44,0	45,0	46,5	48,0
40	37,0	39,5	42,0	44,0	46,0	47,5	49,0	50,5	52,0	53,0
50	43,0	46,0	48,0	50,5	52,0	54,0	55,5	57,0	58,0	59,5
60	51,0	53,5	56,0	58,0	60,0	61,5	63,5	64,5	66,0	67,0

[1] Für die Ausnutzung der Abgase von Dieselmotoren hat Oppitz in der Zeitschrift: Archiv für Wärmetechnik und Dampfkesselwesen die Taupunktstemperaturen für eine Reihe von Dieseltreibölen berechnet. 9. Jahrgang 1928, S. 81.

Ist nun die Temperatur des zur Verfügung stehenden Wassers kleiner als die Temperatur des Taupunkts, so kann man, wenn ein anderes Mittel zur Erwärmung des Speisewassers auf Taupunktstemperatur nicht vorhanden ist, das Wasser vor Eintritt in den Vorwärmer mit heißem, vorgewärmten Wasser mischen (Abb. 83). Die Pumpe muß dann entsprechend mehr Wasser durch den Vorwärmer fördern. Bedeuten

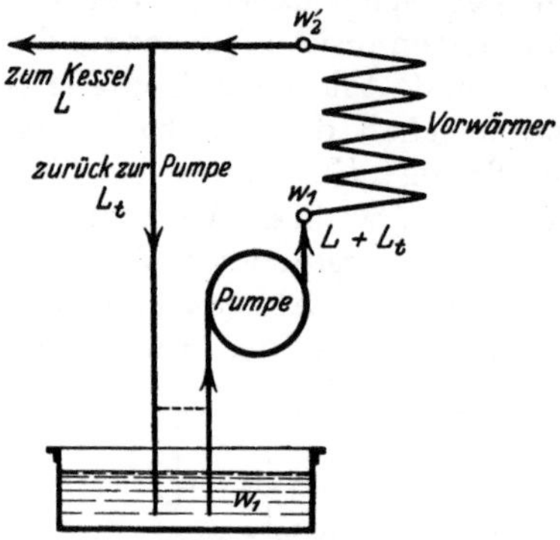

Abb. 83. Mischvorrichtung für kaltes Speisewasser zum Vermeiden der Unterschreitung des Taupunktes.

w_1' = die Temperatur des zur Verfügung stehenden Wassers $< w_1$,

$w_2' = w_1' + \Delta w$,

L_t = zurückzuführende Wassermenge in kg/st,

so beträgt diese Menge

$$L_t \cdot w_2' + L \cdot w_1' = (L + L_t) \cdot w_1,$$

$$L_t = \frac{w_1 - w_1'}{w_2' - w_1} \cdot L. \qquad (18)$$

Zahlenbeispiel. $w_1' = 20°$,

$w_1 = 50°$,

$w_2' = 185°$,

$L = 21000$ kg,

$$L_t = \frac{50 - 20}{185 - 50} \cdot 21000 = 4666 \text{ kg}.$$

Die Formel (4) auf Seite 54 wird dann

$$\frac{L \cdot \Delta w}{\left(\frac{t_1 + t_2}{2} - \frac{w_1 + w_2'}{2}\right) \cdot k} = F, \qquad (19)$$

wobei $w_2' = w_1' + \Delta w$ ist. Die Gleichung zur Berechnung der Wasseraufwärmung ist dann

$$\frac{2\left(t_1 - \frac{w_1 + w_1'}{2}\right)}{\frac{2 \cdot L}{k \cdot F} + \frac{\Delta t}{\Delta w} + 1} = \Delta w. \qquad (20)$$

Zahlenbeispiel. Für die Werte von Seite 55 erhalten wir

$$F = \frac{21000 \cdot 165}{\left(\frac{530 + 159}{2} - \frac{50 + 185}{2}\right) \cdot 11{,}65} = 1310 \text{ qm}.$$

Für eine Heizfläche von 1310 qm erhält man

$$\Delta w = \frac{2\,(530 - 35)}{\frac{2 \cdot 21000}{11{,}65 \cdot 1310} + 2{,}25 + 1} = 165°.$$

Bei diesem Beispiel ist nicht berücksichtigt, daß die Erzeugungswärme von

$$774 - 50 \quad \text{auf} \quad 774 - 20$$

steigt und demzufolge auch die Rauchgasmenge zunimmt. Dadurch wird der Wert $k (= 11{,}65)$ durch einen größeren ersetzt werden müssen (höhere Gasgeschwindigkeit) und der Wert $m (= 2{,}25)$ wird kleiner, da die Gasabkühlung bezogen auf dieselbe Wasseraufwärmung verringert wird.

4. Die Wassertemperatur am Austritt (w_2).

Das Ideal und die Grenze für die Höhenlage der Wassertemperatur am Austritt aus dem Vorwärmer ist die Sättigungstemperatur des entsprechenden Kesseldruckes. Darüber hinauszugehen hieße in die Aufgabe der Kesselheizfläche eingreifen und würde bei gußeisernen Vorwärmern wegen des entstehenden Dampfes eine Gefahr bedeuten. Jedoch wäre es möglich, obwohl der Betrieb nicht ganz einfach wäre. Angewandt wird die hohe Speisewasseraufwärmung z. B. beim Siller-Christianskessel. Hierbei ist das Verhältnis der Vorwärmerheizfläche zur Kesselheizfläche sehr groß, und die Aufgabe des Kessels besteht nur darin, die Verdampfungswärme zu überführen. Daß dieser Kessel sich nicht eingeführt hat, lag nicht an der hohen Speisewassertemperatur. Für die Anwendung einer hohen Speisewassertemperatur ist die Art der Schaltung der Vorwärmerrohre maßgebend. Bei Vorwärmern, bei denen die Rohre zu einzelnen Registern zusammengefaßt sind, besteht die Gefahr der Ansammlung von Gas und Luft an bestimmten Rohrstellen, an denen keine oder nur eine ganz geringe Bewegung des Wassers vorhanden ist. Schaltet man jedoch die Rohre so, daß sie eine einzige, gewissermaßen zusammengefaltete Rohrleitung bilden, so besteht eine Gefahr wegen Luft- und Dampfansammlungen nicht. Das zu erwärmende Wasser fließt hier mit höherer Geschwindigkeit durch den ganzen Vorwärmer und spült Luft- und Dampfblasen mit fort.

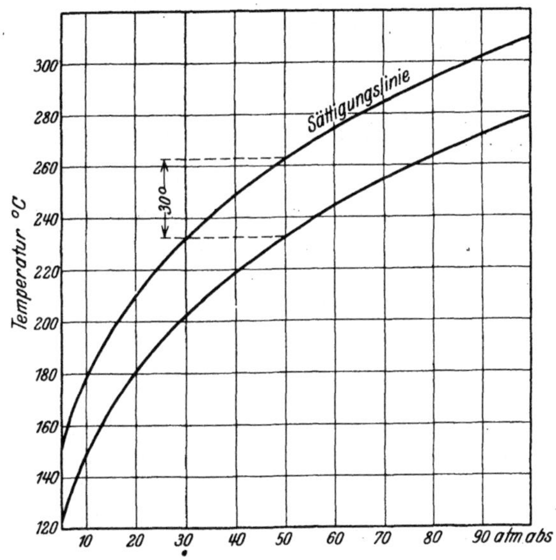

Abb. 84. Die höchstmöglichen Wasseraustrittstemperaturen (w_2).

Bei einem Kessel ist im letzten Teil der Heizfläche die Wärmeübertragung meist sehr schlecht, da die mittlere Temperaturdifferenz zwischen Kesselinhalt und Gasen sehr klein ist. Dieser Teil der Heizfläche könnte daher durch eine kleinere und auch viel billigere Vorwärmerheizfläche ersetzt werden. Auch aus diesem Grunde würde sich eine hohe Speisewassertemperatur empfehlen.

Will man im Vorwärmer die Dampfbildungen vermeiden, so genügt es festzustellen, welchen Belastungsschwankungen der Kessel unterworfen ist. Durch gesteigerte Dampfentnahme fällt der Kesseldruck, und damit dürfte auch die Temperatur des Speisewassers die Sättigungstemperatur dieses Druckes nicht überschreiten. Die Speisewassertemperatur kann also sich der Sättigungstemperatur des normalen Kesseldruckes um so mehr nähern, je gleichmäßiger der Kessel belastet wird. Zur Sicherheit kann man in allen Fällen noch ca. 30° unterhalb der Sättigungstemperatur bleiben. In der Abb. 84 ist die so höchstmögliche Wassertemperatur am Austritt aus dem Vorwärmer abhängig vom Kessel- bzw. abgesenkten Druck aufgetragen. Darüber befindet sich die Kurve für die Sättigungstemperatur.

c) Die Abkühlung der Rauchgase und die Aufwärmung des Speisewassers.

1. Die Umsetzungsgleichung.

Die wärmetechnische Rechnung zwecks Bestimmung der Rauchgastemperaturen vor und hinter dem Vorwärmer läuft im Prinzip auf die Bestimmung der Temperaturdifferenz hinaus, da in den meisten Fällen eine der Temperaturen bekannt ist. Die in der Praxis üblichen Rechnungsweisen sind meist einseitig nach einer Richtung hin ausgebildet, so daß der Ausgangspunkt sehr verwischt erscheint. Jedoch nehmen die meisten dieser oft als selbständig bezeichneten Methoden ihren Ausgangspunkt von der Verbrennungsrechnung und sind nur durch Vereinfachungen mehr oder weniger zu Annäherungsrechnungen geworden. Der Grund für die Ausbildung solcher Rechnungsweisen liegt in der Mannigfaltigkeit unserer Kohlensorten und in dem Wunsche, bei unbekannter Zusammensetzung des Brennstoffes auch noch das Richtige zu treffen. In letzterer Hinsicht können sie manchmal vortreffliche Dienste leisten. Man muß aber sich immer vergegenwärtigen, welche vereinfachende Annahmen gemacht wurden, damit man ermessen kann, inwieweit das Ergebnis von dem genauen abweicht. Im folgenden soll daher der Zusammenhang dieser mannigfaltigen Rechnungsweisen in einheitlicher Bezeichnungsweise dargelegt werden.

Es bezeichne

$\sum(m_i M_i c p_i)$ = die Summe der nach der Verbrennung von 1 kg Brennstoff bei einem Luftüberschuß λ_E (Kohlensäuregehalt k_E) im Vorwärmer in den Rauchgasen vorhandenen Einzelbestandteile in Mol (m_i) multipliziert mit den entsprechenden Molekularwärmen ($M_i c p_i$)

$$\sum(m_i M_i c p_i) = \frac{c}{12}(M c p)_{CO_2} + \left(\frac{h}{2} + \frac{w}{18}\right)(M c p)_{H_2O} + (\lambda - 0{,}21) L_{\min} (M c p)_{N_2O_2},$$

K_g = die stündlich verfeuerte Brennstoffmenge in Kilogramm bei eingebautem Vorwärmer,

η_F = den Wirkungsgrad der Feuerung (s. S. 96),
η_E = den Wirkungsgrad des Vorwärmers (s. S. 96),
Δt = die Abkühlung der Rauchgase durch den Vorwärmer,
L_g = die stündlich verdampfte Wassermenge
= die stündlich zu erwärmende Speisewassermenge und
Δw = die Aufwärmung des Speisewassers durch den Vorwärmer,

so erhalten wir die Umsetzungsgleichung des Vorwärmers

$$L_g \cdot \Delta w = \eta_E \cdot \eta_F \cdot K_g \cdot \sum (m_i M_i c p_i) \cdot \Delta t. \tag{21}$$

Auf der linken Seite dieser Gleichung haben wir die Wärmeaufnahme durch den Vorwärmer

$$= L_g \cdot \Delta w \text{ kcal pro Stunde} \tag{22}$$

Demgegenüber steht der Wärmeentzug aus den Rauchgasen

$$= \eta_F \cdot K_g \cdot \sum (m_i M_i c p_i) \cdot \Delta t \text{ kcal pro Stunde,} \tag{23}$$

während die Umsetzung bei dem Wirkungsgrad η_E geschieht.

Die Benutzung der Gleichung (21) zur wärmetechnischen Berechnung des Vorwärmers setzt voraus, daß die Größen K_g und $\sum(m_i M_i c p_i)$ ermittelt und Δw oder Δt gegeben sind. Um aber von den absoluten Wärmemengen unabhängig zu sein, setzen wir

$$D = \frac{L_g}{K_g} = \text{Verdampfungsziffer} \tag{24}$$

und erhalten

$$D \cdot \Delta w = \eta_E \cdot \eta_F \cdot \sum (m_i M_i c p_i) \cdot \Delta t. \tag{25}$$

Die Verdampfungsziffer D hängt ab von

1. der verfeuerten Brennstoffsorte (Heizwert $= h_u$),
2. der pro kg Dampf übergeführten Wärmemenge in kcal (Erzeugungswärme $= E$) und
3. dem Wirkungsgrad der gesamten Kesselanlage $= \eta_g$, also einschließlich der Wirkung von Dampfüberhitzer, Speisewasser- und Luftvorwärmer.

Es besteht die Gleichung

$$100 \cdot D \cdot \frac{E}{h_u} = \eta_g \% \tag{26}$$

und

$$D = \eta_g \cdot \frac{h_u}{100 \cdot E}. \tag{27}$$

Wir erhalten daher

$$\frac{\Delta w \cdot \eta_g \cdot h_u}{100 \cdot E} = \eta_E \cdot \eta_F \cdot \sum (m_i M_i c p_i) \cdot \Delta t. \tag{28}$$

Da für gewöhnlich Δw oder Δt gegeben sind, so erhält man durch Auflösung der Gleichung (28) für die

Wasseraufwärmung Δw

$$\Delta w = 100 \cdot \frac{\eta_E \cdot E}{\eta_g} \cdot \frac{\eta_F \cdot \sum (m_i M_i c p_i)}{h_u} \Delta t, \tag{29}$$

Gasabkühlung Δt

$$\Delta t = \frac{\eta_g \cdot h_u}{100 \cdot E \cdot \eta_E \cdot \eta_F \cdot \sum (m_i M_i c p_i)} \cdot \Delta w. \tag{30}$$

Zahlenbeispiel. Es betrage

$$\eta_F = 0{,}975 \text{ (s. S. 100)},$$
$$\eta_E = 0{,}963 \text{ (s. S. 100)},$$
$$L_g = 21\,000 \text{ kg},$$
$$E = 724 \text{ kcal},$$
$$h_u = 7000 \text{ kcal},$$
$$\eta_g = 85\%,$$
$$k_E = 12\%,$$

Wir erhalten

Sauerstoffbedarf

$$\frac{c}{12} = 0{,}061\,666$$
$$\frac{h}{4} = 0{,}011\,500$$
$$+\frac{s}{32} = 0{,}000\,3125$$
$$0{,}073\,4785$$
$$-\frac{o}{32} = 0{,}002\,8125$$
$$0{,}070\,666 \text{ Mol} = 0\,\text{min}$$

$$\frac{c}{12}(M\,c\,p)_{CO_2} = 0{,}061\,9785 \cdot 10{,}01 = 0{,}620405$$
$$\left(\frac{h}{2} + \frac{w}{18}\right)(M\,c\,p)_{H_2O} = 0{,}025\,111 \cdot 8{,}46 = 0{,}212439$$
$$\left(\frac{\lambda}{0{,}21} - 1\right) 0_{\min}(M\,c\,p)_{N_2,\,O_2} = 0{,}456\,813 \cdot 7{,}06 = 3{,}225\,100$$
$$\sum(m_i\,M_i\,c\,p_i) = 4{,}057\,944$$

wobei noch

$$\lambda = \frac{18{,}81}{12} = 1{,}5675\text{-fach ist.}$$

Die Verdampfungsziffer wird

$$D = 85 \cdot \frac{7000}{100 \cdot 724} = 8{,}22\text{-fach}$$

und in Gleichung (21) eingesetzt

$$8{,}22 \cdot \Delta w = 0{,}963 \cdot 0{,}975 \cdot 4{,}057\,944 \cdot \Delta t,$$
$$8{,}22 \cdot \Delta w = 3{,}81 \cdot \Delta t,$$
$$\Delta w = 0{,}463 \cdot \Delta t.$$

2. Abgasverlust und Wärmeentzug.

Die Gleichungen (29) und (30) können wir durch Vereinfachungen noch übersichtlicher gestalten. Wir setzen

$$\Delta V = 100 \cdot \frac{\eta_F \cdot \sum(m_i\,M_i\,c\,p_i)}{h_u} \cdot \Delta t\,\%. \tag{31}$$

Der Wert ΔV ist der Wärmeentzug in %, der zugleich den Abgasverlust in % um denselben Betrag vermindert.

Die Gleichung (29) geht dann über in

$$\Delta w = \frac{\eta_E \cdot \Delta V \cdot E}{\eta_g}, \tag{32}$$

$$\Delta V = \frac{\Delta w \cdot \eta_g}{\eta_E \cdot E}. \tag{33}$$

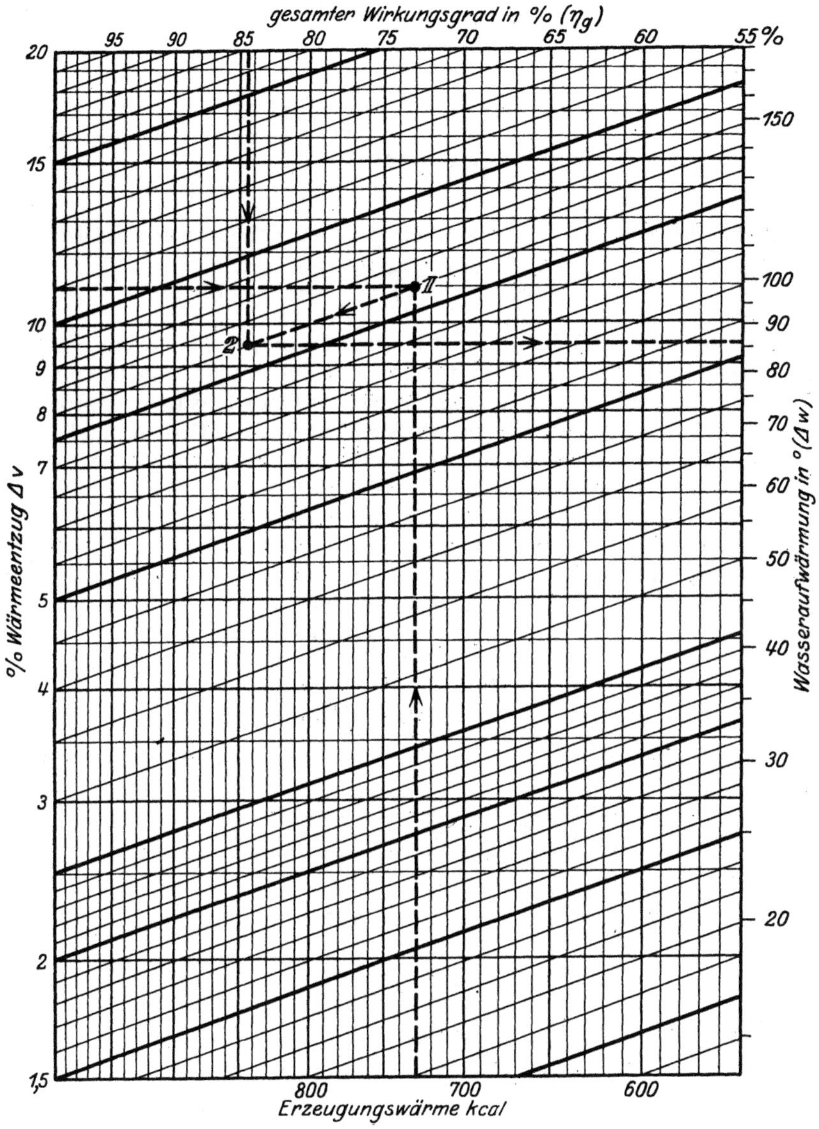

Abb. 85. Nomogramm zur Bestimmung der Wasseraufwärmung aus dem Wärmeentzug und umgekehrt ($\eta_E = 0{,}9$). Formel: $\Delta w = \frac{0{,}9 \cdot \Delta V \cdot E}{\eta_g}$.

Erweitern wir nun in Gleichung (31) die rechte Seite mit k_E, so erhalten wir

$$\Delta V = \eta_F \cdot 100 \cdot \frac{\sum(m_i M_i c p_i) \cdot k_E}{h_u} \cdot \frac{\Delta t}{k_E}. \tag{34}$$

Wir führen noch ein

$$v' = \frac{100 \cdot \sum(m_i M_i c p_i) \cdot k_E}{h_u}, \tag{35}$$

$$v = \eta_F \cdot \frac{100 \cdot \sum(m_i M_i c p_i) \cdot k_E}{h_u}, \tag{36}$$

so erhalten wir

$$\left.\begin{aligned} \Delta V &= \eta_F \cdot v' \cdot \frac{\Delta t}{k_E}, \\ \Delta V &= v \cdot \frac{\Delta t}{k_E}. \end{aligned}\right\} \tag{37}$$

Zahlenbeispiel. Für die oben angegebenen Zahlenwerte erhalten wir

$$v = 0{,}975 \cdot \frac{100 \cdot 4{,}057944 \cdot 12}{7000} = 0{,}679.$$

In der Form (37) finden wir die sog. Siegertsche Formel wieder. Der Wert v, der von Siegert für Steinkohlen zu 0,65 angegeben wird, ist der Wärmeentzug oder Abgasverlust pro Grad Celsius und pro Prozent Kohlensäuregehalt. Hassenstein[1] hat den Koeffizienten v für die gebräuchlichsten Kohlensorten untersucht und gefunden, daß er in der Hauptsache vom Wassergehalt des Brennstoffes und selbstverständlich vom Kohlensäuregehalt der Rauchgase abhängt. Hassenstein hat auf Grund seiner Untersuchungen Mittelwerte für den Koeffizienten v aufgestellt, die in der Zahlentafel 5 wiedergegeben sind. Die Vereinfachungen, die er hierbei vorgenommen hat, sind

$$c p_{\text{trockenes Gas}} = 0{,}32,$$
$$c p_{\text{Wasserdampf}} = 0{,}37,$$
$$\eta_F = 0{,}97.$$

Mit den weiteren, in folgender Zahlentafel zusammengestellten, Vereinfachungen

	Geringstwert	Höchstwert	Mittelwert
$\frac{h - \frac{o}{8}}{c}$	0,010	0,070	0,037
$\frac{s}{c}$	0,006	0,056	0,035

stellt er die Berechnungsgleichungen

$$v = \frac{c p_{\text{trockenes Gas}} + c p_{\text{Wasserdampf}} \cdot 0{,}688 \cdot \frac{k_E}{100} \cdot \frac{9h + w}{c}}{0{,}51 - 0{,}033 \cdot \frac{w}{c}}$$

[1] Hassenstein: Z. f. Dampfkessel- u. Maschinenbetrieb 1910, S. 26 u. 173.

auf, nachdem er noch Annäherungsgleichungen für

$$\frac{9h + w}{c} = \frac{77 - 0{,}31 \cdot w + 0{,}040 \cdot w^2 - 0{,}00346 \cdot w^3}{100 - w},$$

$$\frac{w}{c} = \frac{0{,}46 \cdot w + 0{,}040\, w^2 - 0{,}000346 \cdot w^3}{100 - w}$$

gefunden hat (siehe Abb. 86). Man kann nun den Wert v auch berechnen, wenn die genaue Analyse nicht gegeben ist, sondern nur der Wassergehalt des Brennstoffes. Der Gebrauch des Hassensteinschen Koeffizienten bringt immer Ungenauigkeiten mit sich. Hat man viel mit einer bestimmten Brennstoffsorte zu tun, so ist es immer besser,

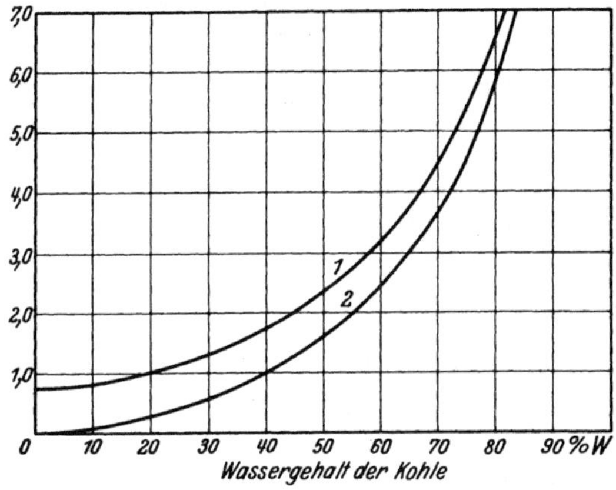

Abb. 86. Hilfskurven zur Bestimmung des Hassensteinschen Koeffizienten $1 = \frac{9 \cdot h + w}{c}$, $2 = \frac{w}{c}$.

wenn man sich für diese den Koeffizienten berechnet, wie es in der nachfolgenden Zahlentafel geschehen ist. Um dann aber von Annäherungen frei zu sein, berechnet man zweckmäßig nur den Wert v' nach Gleichung (35), in den η_F nicht mit eingeschlossen ist.

Zahlentafel 4. Koeffizient v' einiger wichtiger Kohlensorten.

CO_2-Gehalt im Vorwärmer	Anthrazit 7900 kcal	Steinkohle 7000 kcal	Sächs. St.-K. 6510 kcal	Oberb. Kohle 5125 kcal	Braunk.-Br. 4690 kcal	Bitterf. Br. 2510 kcal	Rheinische Br. 1860 kcal
14,0	0,709	0,705	0,720	0,707	0,760	0,936	1,102
13,5	0,708	0,702	0,717	0,704	0,756	0,929	1,086
13,0	0,706	0,700	0,715	0,701	0,752	0,922	1,075
12,5	0,704	0,698	0,712	0,698	0,748	0,914	1,064
12,0	0,702	0,695	0,710	0,695	0,744	0,906	1,053
11,5	0,700	0,693	0,707	0,692	0,741	0,898	1,043
11,0	0,698	0,691	0,705	0,689	0,737	0,890	1,032
10,5	0,696	0,688	0,702	0,686	0,733	0,883	1,021
10,0	0,694	0,686	0,699	0,683	0,729	0,875	1,010
9,5	0,692	0,683	0,697	0,680	0,725	0,867	0,999
9,0	0,690	0,681	0,694	0,677	0,722	0,859	0,988
8,5	0,688	0,697	0,692	0,674	0,718	0,852	0,977

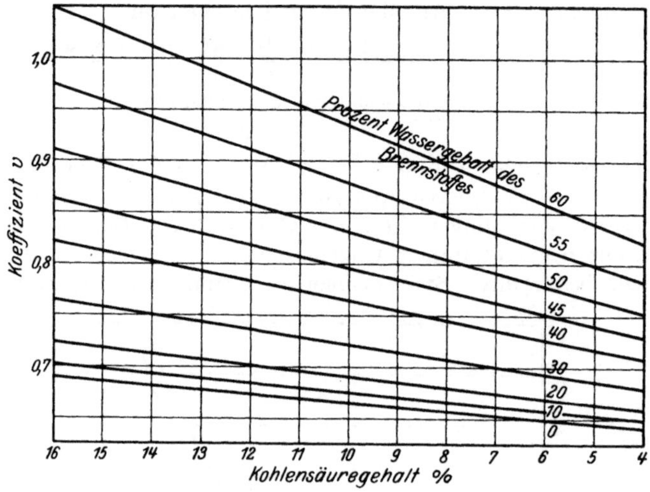

Abb. 87. Hassensteinscher Koeffizient v für Brennstoffe mit verschiedenem Wassergehalt.

Zahlentafel 5. Koeffizient v zur Berechnung der Abgasverluste bei Kohlen mit verschiedenem Wassergehalt.

t = Rauchgastemperatur, t_a = Außentemperatur, k = Kohlensäure %, Abgasverlust = $v \frac{t - t_a}{k}$ %.

Wert v bei % Wasser	Kohlensäuregehalt k %												
	4	5	6	7	8	9	10	11	12	13	14	15	16
0	0,643	0,647	0,651	0,655	0,658	0,662	0,667	0,670	0,674	0,678	0,682	0,686	0,690
10	0,649	0,653	0,657	0,662	0,666	0,671	0,675	0,679	0,684	0,688	0,692	0,696	0,701
20	0.659	0,666	0,671	0,676	0.681	0,687	0,692	0,698	0,703	0,709	0,714	0,719	0,724
30	0,680	0,687	0,693	0,700	0,708	0,715	0,722	0,729	0,736	0,743	0,750	0,757	0,764
40	0,709	0,718	0,728	0,738	0,747	0,757	0,766	0,776	0,785	0,795	0,804	0,814	0,823
45	0,729	0,740	0,751	0,762	0,774	0,785	0,796	0,807	0,819	0,830	0,841	0,852	0,863
50	0,753	0,768	0,780	0,793	0,806	0,819	0,832	0,845	0,858	0,872	0,885	0,898	0,911
55	0,783	0,800	0,815	0,832	0,848	0,864	0,879	0,895	0,911	0,927	0,942	0,958	0,975
60	0,821	0,839	0,859	0,878	0,896	0,916	0,935	0,954	0,974	0,992	1,102	1,030	1,050

3. Falsche Luft.

Zur Berücksichtigung der falschen Luft, die in den Vorwärmer eintritt und den CO_2-Gehalt von k_1 auf k_2 herabsetzt, müssen wir die Differenz

$$\Delta V = V_1 - V_2 \tag{38}$$

bilden. Bei t_a Grad Außentemperatur ist

$$\left.\begin{aligned} V_1 &= v_1 \frac{t_1 - t_a}{k_1}, \\ V_2 &= v_2 \frac{t_2 - t_a}{k_2}, \end{aligned}\right\} \tag{39}$$

und man erhält

$$\Delta V = V_1 - V_2 = \frac{v_1 \cdot t_1}{k_1} - \frac{v_2 \cdot t_2}{k_2}. \tag{40}$$

Es genügt in den meisten Fällen, wenn man einen mittleren Kohlensäuregehalt zugrunde legt:

$$k_E = \frac{k_1 - k_2}{2}$$

und dann mit einem mittleren Wert v, dem Wert k_E entsprechend, rechnet.

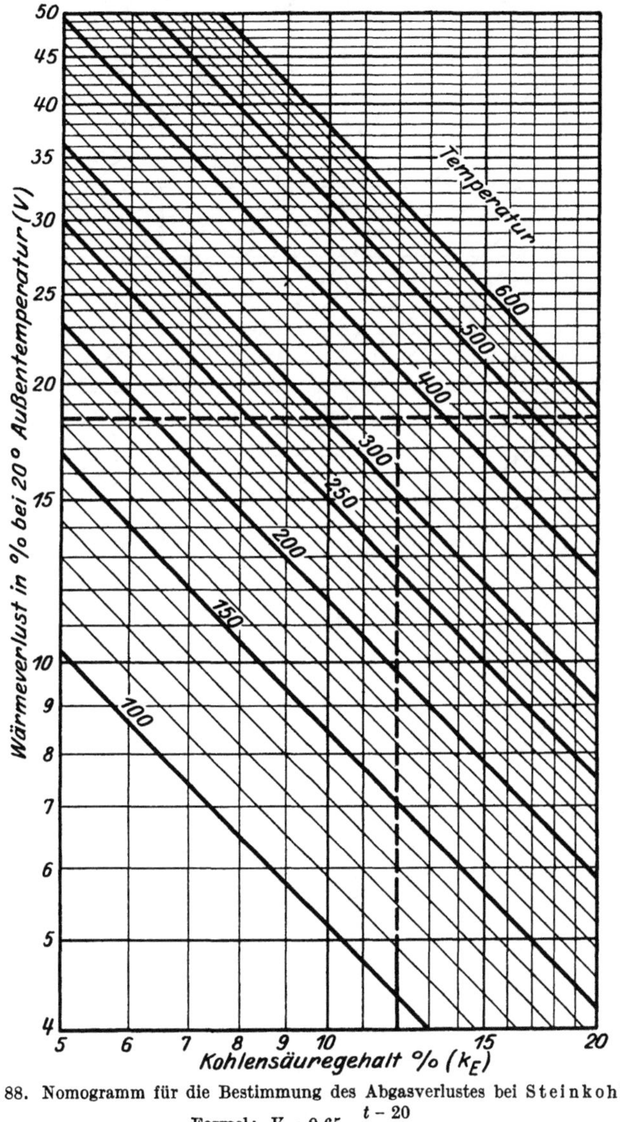

Abb. 88. Nomogramm für die Bestimmung des Abgasverlustes bei Steinkohlen.

Formel: $V = 0{,}65 \cdot \frac{t - 20}{k_E}$.

4. Abschätzung der Kesselwirkungsgrade.

Die Werte V_1 bzw. V_2 können zur Abschätzung des Wirkungsgrades dienen. Da es hierbei auf allzu große Genauigkeit nicht ankommt, können die Nomogramme 88—91 sehr gute Dienste leisten. Je nachdem nun t_1 bzw. t_2 gegeben ist, erhält man hierbei den Wirkungsgrad ohne (η_k) bzw. mit (η_g) Vorwärmer.

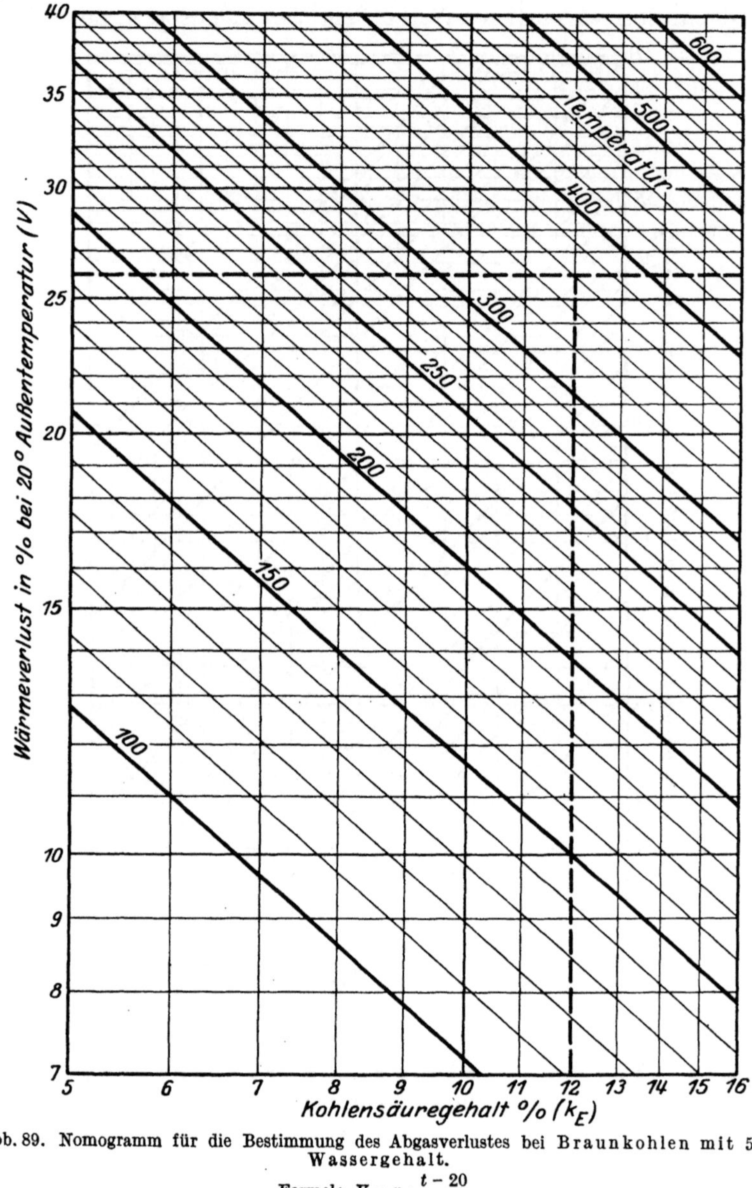

Abb. 89. Nomogramm für die Bestimmung des Abgasverlustes bei Braunkohlen mit 50% Wassergehalt.

Formel: $V = v \cdot \frac{t - 20}{k_E}$.

Die Verluste eines Dampfkessels bestehen in der Hauptsache aus dem

Abgasverlust (V_1 bzw. V_2),
Leitungs- und Strahlungsverlust (s) und dem
Verlust durch Unverbranntes (u).

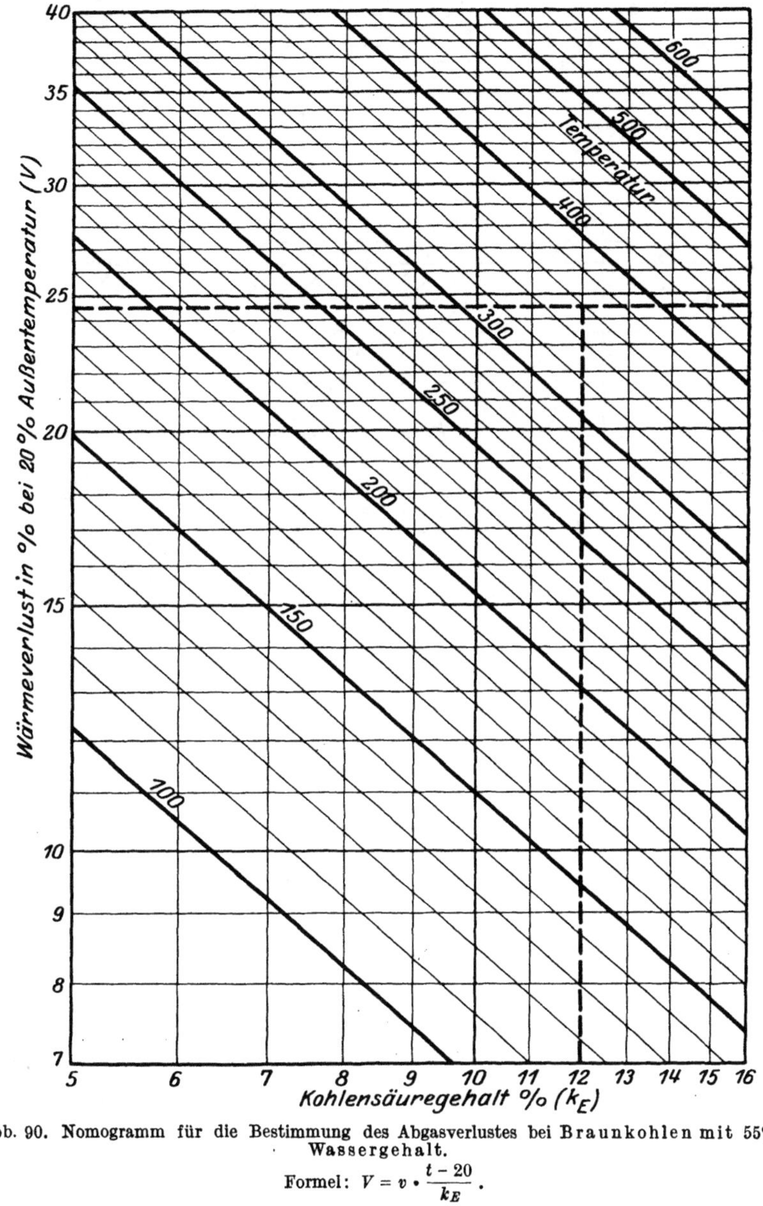

Abb. 90. Nomogramm für die Bestimmung des Abgasverlustes bei Braunkohlen mit 55% Wassergehalt.

Formel: $V = v \cdot \frac{t - 20}{k_E}$.

Der Leitungs- und Strahlungsverlust muß gewöhnlich bei Dampfkesseluntersuchungen als sog. Restglied bestimmt werden. Bei der

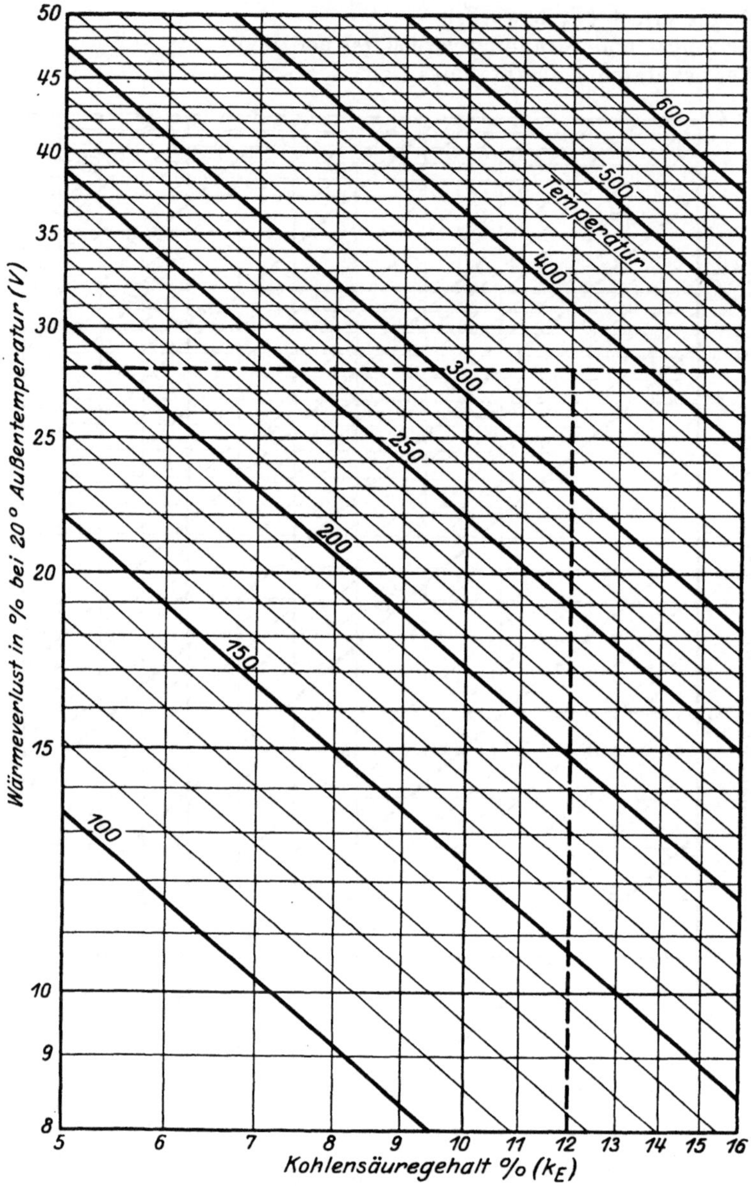

Abb. 91. Nomogramm für die Bestimmung des Abgasverlustes bei Braunkohlen mit 60% Wassergehalt.

Formel: $V = v \cdot \frac{t - 20}{k_E}$.

Berechnung von Vorwärmern wird ein Teil desselben schon durch den Wirkungsgrad η_E in Rechnung gestellt. Daher darf man bei der Abschätzung des Wirkungsgrades η_k keinen allzu großen Betrag ansetzen und bei η_g keinen allzu kleinen. Im allgemeinen beträgt der Leitungs- und Strahlungsverlust der gesamten Anlage ca. 4 bis 7%. Die kleinen Werte gelten für große Kesseleinheiten, die großen für alte und kleine Kessel. Es ist weiter zu beachten, daß der gesamte Strahlungsverlust in Prozenten gerechnet mit steigender Belastung abnimmt, da die Leitung des Mauerwerks ungefähr dieselbe bleibt.

Der Verlust durch Unverbranntes wird beeinflußt durch den Brennstoff (backende Kohle) und durch die Art der Feuerung. Er schwankt im allgemeinen in der Höhe von 2 bis 3%.

Zahlenbeispiel. Abgasverlust: $0{,}65 \cdot \frac{159-20}{12} = 7{,}5\%$

Leitung und Strahlung $= 5{,}0\%$

Verlust durch Unverbranntes $= 2{,}5\%$

Summe $= 15{,}0\%$

somit $\eta_g = 85{,}0\%$

5. Die Verbesserung des Wirkungsgrades eines Kessels durch einen Vorwärmer.

Die Gleichung (33) gestattet die Aufstellung einiger recht interessanter Beziehungen. In dem Betrage ΔV haben wir den Wärmeentzug in Prozent. Dieser Betrag ergibt daher mit η_E multipliziert den durch den Vorwärmer gewonnenen Betrag in Prozent. Wir haben also

$$\boldsymbol{\eta_E \cdot \Delta V = \text{Wärmegewinn}.} \qquad \textbf{(41)}$$

Dieser Wert wird oft auch als der Wirkungsgrad des Vorwärmers bezeichnet. Wir nennen ihn besser die Verbesserung des Wirkungsgrades durch den Vorwärmer oder Wärmegewinn. Es ist noch

$$\eta_g = \eta_k + \eta_E \cdot \Delta V. \qquad (42)$$

Mit Gleichung (42) geht Gleichung (32) über in

$$\Delta w = \frac{\eta_E \cdot \Delta V \cdot E}{\eta_k + \eta_E \cdot \Delta V}$$

und nach ΔV aufgelöst

$$\Delta V = \frac{\Delta w \cdot \eta_k}{\eta_E \cdot (E - \Delta w)}. \qquad (43)$$

Diese Gleichung kann dazu dienen, den Betrag ΔV oder die Wasseraufwärmung Δw aus dem bekannten Kesselwirkungsgrad zu berechnen.

Zahlenbeispiel.

$$\Delta w = 165^\circ,$$
$$\eta_E = 0{,}963,$$
$$E = 724 \text{ kcal},$$
$$E - \Delta w = 724 - 165 = 559 \text{ kcal},$$
$$\eta_k = 65{,}63\%,$$
$$\Delta V = \frac{165 \cdot 65{,}63}{0{,}963 \cdot 559} = 20{,}12\%,$$
$$\eta_g = 65{,}63 + 0{,}963 \cdot 20{,}12 = 85\%.$$

Ersetzen wir in Gleichung (33) $\eta_E \cdot \Delta V$ durch $\eta_g - \eta_k$, so wird, wenn man noch nach η_g auflöst,

$$\eta_g = \frac{E}{E - \Delta w} \cdot \eta_k. \tag{44}$$

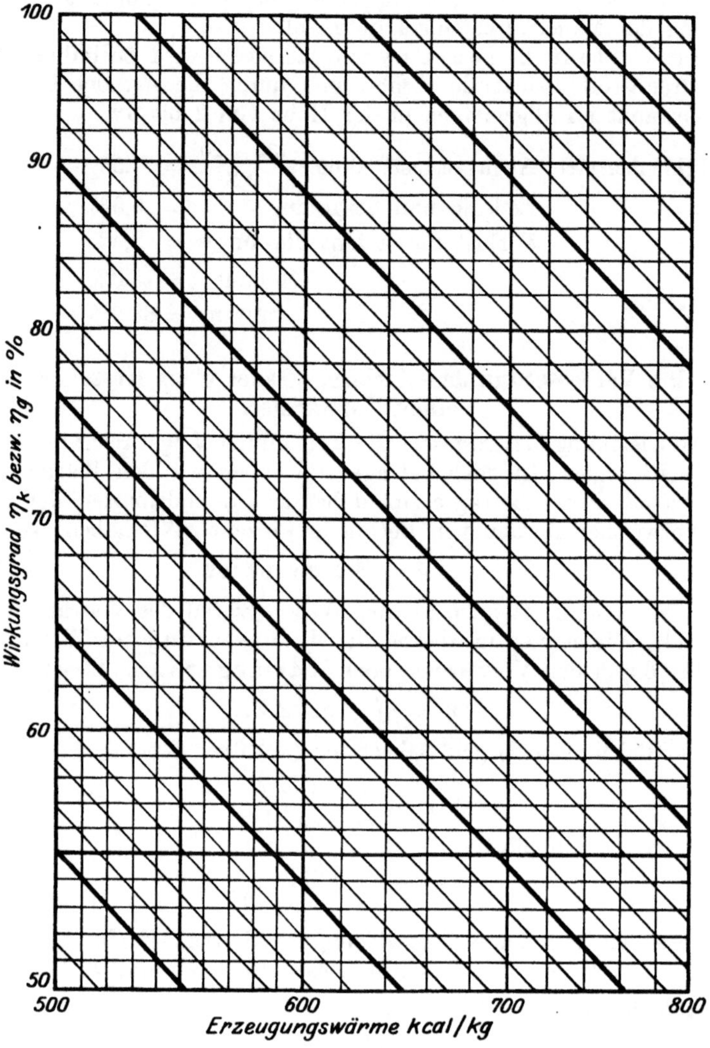

Abb. 92. Zusammenhang zwischen den Kesselwirkungsgraden mit und ohne Vorwärmer und der Wasseraufwärmung.
Formel: $\eta_k \cdot E = \eta_g \cdot (E - \Delta w)$.

Nach dieser Gleichung kann man sofort angeben, welche Wasseraufwärmung zur Erreichung eines bestimmten Wirkungsgrades notwendig ist oder welcher Wirkungsgrad durch Vorwärmung des Speisewassers um den Betrag Δw erreicht wird.

Zahlenbeispiel. Mit obigen Werten erhalten wir jetzt viel schneller

$$\eta_g = \frac{724}{724 - 165} \cdot 65{,}63 = 85\,\%.$$

6. Kohlenersparnis.

Wenn durch den Einbau eines Speisewasservorwärmers der Wirkungsgrad von η_k auf η_g gesteigert wird, so wird die stündlich verbrannte Kohlenmenge von K_k auf K_g verringert. Wir haben also eine Kohlenersparnis von

$$\Delta K = K_k - K_g = \text{Kohlenersparnis in kg pro Stunde} \qquad (45)$$

oder

$$100 \cdot \frac{L \cdot E}{\eta_k \cdot h_u} - 100 \cdot \frac{L \cdot E}{\eta_g \cdot h_u} = \Delta K,$$

$$100 \cdot \frac{L \cdot E}{\eta_k \cdot h_u} \cdot \frac{\eta_g - \eta_k}{\eta_g} = \Delta K.$$

Hieraus erhält man

$$\left.\begin{aligned} \Delta K &= K_k \cdot \frac{\eta_g - \eta_k}{\eta_g}, \\ \Delta K &= K_g \cdot \frac{\eta_g - \eta_k}{\eta_k}. \end{aligned}\right\} \qquad (46)$$

Zahlenbeispiel. Für die uns schon bekannten Zahlenwerte erhalten wir

$$K_k = \frac{21000 \cdot 724}{7000 \cdot 65{,}63} \cdot 100 = 3310 \text{ kg},$$

$$\Delta K = 3310 \cdot \frac{85 - 65{,}63}{85} = 3310 \cdot 0{,}228 = 754 \text{ kg}$$

oder

$$K_g = \frac{21000 \cdot 724}{7000 \cdot 85} \cdot 100 = 2555 \text{ kg},$$

$$\Delta K = 2555 \cdot \frac{85 - 65{,}63}{65{,}63} = 2555 \cdot 0{,}295 = 754 \text{ kg}.$$

Die nach den Gleichungen (46) berechnete Kohlenersparnis wird oft fälschlicherweise als Wärmegewinn bezeichnet. Beide Ausdrucksweisen können schon deshalb nicht für dasselbe gelten, weil Wärmegewinn etwas rein Technisches bezeichnet und Kohlenersparnis mehr ein kaufmännischer Ausdruck ist.

Ersetzen wir in Gleichung (33) $\eta_E \cdot \Delta V$ durch $\eta_g - \eta_k$, so wird

$$100 \cdot \frac{\eta_g - \eta_k}{\eta_g} = 100 \cdot \frac{\Delta w}{E} = \Delta K\,\%. \qquad (47)$$

Diese neue Gleichung drückt die Kohlenersparnis durch die Wasseraufwärmung und Erzeugungswärme aus.

Zahlenbeispiel.

$$100 \cdot \frac{155}{724} = 22{,}8\,\%.$$

Andererseits kann man mit Hilfe der erhofften Kohlenersparnis die notwendige Wasseraufwärmung bestimmen.

Zahlenbeispiel. Gegeben 10% Kohlenersparnis:

$$0{,}1 \cdot 724 = 72{,}4^\circ \text{ Wasseraufwärmung.}$$

Bei einem Wirkungsgrad $\eta_g = 85\%$ wird die Wirkungsgradverbesserung durch den Vorwärmer

$$0{,}1 \cdot 85 = 8{,}5\%$$

und für $\eta_E = 0{,}963$ erhält man einen Wärmeentzug von

$$\frac{8{,}5}{0{,}963} = 8{,}83\,\%.$$

Dies ergibt eine Gasabkühlung von

$$\frac{8{,}83 \cdot 12}{0{,}65} = 163^\circ.$$

7. Die spezifische Gasabkühlung durch Speisewasservorwärmer.

Eine ebenso nützliche wie interessante Ableitung aus der Umsetzungsgleichung ist der Begriff der spezifischen Rauchgasabkühlung. Hierunter versteht man das Verhältnis der Rauchgasabkühlung Δt zur Wasseraufwärmung Δw. Der reziproke Wert kann entsprechend spezifische Wasseraufwärmung genannt werden. Es ist also

$$\boldsymbol{m = \frac{\Delta t}{\Delta w}} \quad \textbf{= spezifische Gasabkühlung} \tag{48}$$

und

$$\frac{1}{m} = m' = \frac{\Delta w}{\Delta t} = \text{spezifische Wasseraufwärmung.} \tag{49}$$

Wir erhalten aus (21)

$$m = \frac{L_g}{\eta_E \cdot \eta_F \cdot K_g \cdot \sum (m_i M_i c p_i)},$$

aus (28) (50)

$$m = \frac{\eta_g \cdot h_u}{100 \cdot E \cdot \eta_E \cdot \eta_F \cdot \sum (m_i M_i c p_i)}$$

und aus (32) und (37)

$$\left.\begin{aligned} m &= \frac{k_E \cdot \eta_g}{\eta_E \cdot v \cdot E}, \\ m &= \frac{k_E \cdot \eta_g}{\eta_E \cdot \eta_F \cdot v' \cdot E}. \end{aligned}\right\} \tag{51}$$

Zahlenbeispiel. Mit dem Näherungswert $v = 0{,}65$ erhalten wir für unser bekanntes Zahlenbeispiel

$$m = \frac{12 \cdot 85}{0{,}963 \cdot 0{,}65 \cdot 724} = 2{,}25^\circ.$$

Für unsere Kohle von 7000 kcal erhalten wir

$$\sum (m_i M_i c p_i) = 4{,}057944,$$

$$m = \frac{85 \cdot 7000}{100 \cdot 724 \cdot 0{,}963 \cdot 0{,}975 \cdot 4{,}057944} = 2{,}155^\circ$$

oder mit dem entsprechenden Wert $v' = 0{,}695$

$$m = \frac{85 \cdot 12}{724 \cdot 0{,}963 \cdot 0{,}975 \cdot 0{,}695} = 2{,}155^\circ.$$

In Gleichung (50) haben wir auf der rechten Seite das umgekehrte Verhältnis der entsprechenden Wasserwerte. Man hat also:

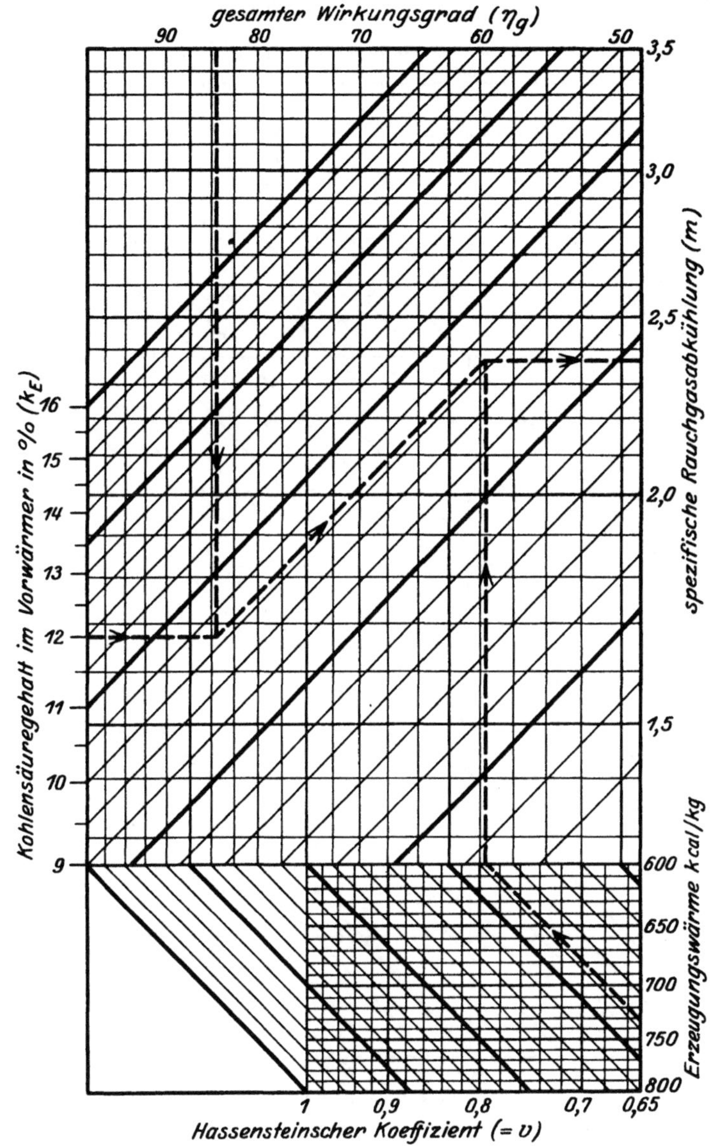

Abb. 93. Nomogramm zur Bestimmung der spezifischen Rauchgasabkühlung ($\eta_E = 0{,}9$).

Formel: $m = \frac{\Delta t}{\Delta w} = \frac{\eta_g \cdot k_E}{0{,}9 \cdot v \cdot E}$.

Die Temperaturänderungen verhalten sich umgekehrt wie die entsprechenden Wasserwerte.

Die spezifische Gasabkühlung hängt daher von der Verdampfungsziffer, d. h. von der Brennstoffsorte, vom Unverbrannten, von der Feuerführung (k_E) und den Strahlungsverlusten ab.

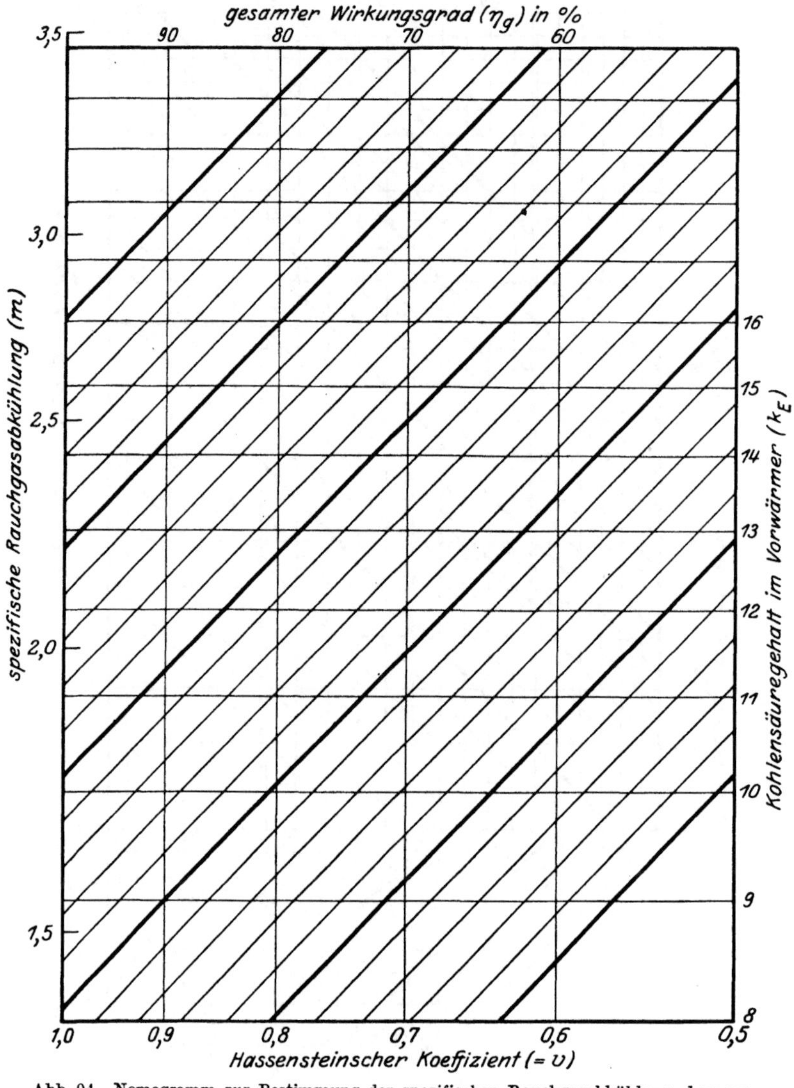

Abb. 94. Nomogramm zur Bestimmung der spezifischen Rauchgasabkühlung, bezogen auf Normaldampf (E = 639 kcal und $\eta_E = 0{,}9$).

Formel: $m = \frac{\Delta t}{\Delta w} = \frac{\eta_g \cdot k_E}{0{,}9 \cdot 639 \cdot v}$.

Zahlenbeispiel. Unter sonst gleichen Verhältnissen wird für die verschiedenen Kohlensorten bei $\eta_g = 85\%$, $\eta_E = 0{,}963$, $E = 724$ kcal, $\eta_F = 0{,}975$ und $k_E = 12\%$.

Zahlentafel 6. Spezifische Gasabkühlung bei Verwendung der verschiedensten Brennstoffsorten.

Bezeichnung der Kohlensorte	Heizwert kcal	Wassergehalt %	Spezifische Gasabkühlung °C
Anthrazit	7900	2,0	2,135
Steinkohle	7000	3,8	2,155
Sächsische Steinkohle	6510	9,0	2,110
Oberbayrische Kohle	5125	9,0	2,155
Braunkohlenbrikette	4690	15,0	2,01
Bitterfelder Rohbraunkohle	2510	50,9	1,65
Rheinische Rohbraunkohle	1860	59,0	1,42

Je nach den verschiedenen Umständen können spezifische Gasabkühlungen von 1,5 bis 3,0° auftreten. Die Nomogramme Abb. 93/94 gestatten eine schnelle Bestimmung des Wertes m auf Grund der Gleichung (51).

Der Wert der spezifischen Abkühlung ermöglicht eine gute und schnelle Kontrolle von Messungen. Sind z. B. die Temperaturen unsicher, so bildet man mit der Formel (51) den Wert m und vergleicht ihn mit dem Verhältnis der gemessenen Gasabkühlung zur Wasseraufwärmung. Weichen die Werte erheblich voneinander ab, so ist irgendein Fehler unterlaufen. Man muß hierbei aber auch beachten, daß das Abschlämmwasser im Speisewasservorwärmer mit erwärmt wird, daß aber die Rauchgase nur von der Verdampfung einer geringeren Wassermenge herrühren. Die Dampfmenge ist dann geringer als die erwärmte Wassermenge und die spezifische Gasabkühlung abnormal.

8. Die spezifische Gasabkühlung durch Lufterhitzer.

Zum Zwecke von Vergleichsrechnungen ist es oft notwendig, die spezifische Gasabkühlung durch Lufterhitzer heranzuziehen. Ausführliches hierüber ist in dem Aufsatz des Verfassers über diesen Gegenstand in der Zeitschrift „Die Wärme“[1] nachzulesen. Die Verhältnisse sind hier viel einfacher, da der Wert $m_H = \frac{\Delta t}{\Delta h}$ nicht vom Wirkungsgrad oder der Verdampfungsziffer abhängig ist. Der Wert m_H ist im wesentlichen eine Funktion der Brennstoffsorte, der Feuerführung, der Güte der Einmauerung des Kessels, des Strahlungsverlustes und des Verhältnisses der sog. Sekundärluft zur gesamten für die Verbrennung notwendigen Luftmenge. Zur Berechnung der spezifischen Gasabkühlung für die Verbrennungsluft bildet man

$$m_H' = \frac{0{,}2412 \cdot 28{,}95 \cdot \lambda_F \cdot L_{\min}}{\sum\limits_{\lambda=\lambda_H} (m_i M_i c p_i)}\,. \tag{52}$$

In diesem Werte ist der Unterschied der theoretischen Luftmenge von der theoretischen Gasmenge und der Einfluß der falschen Luft, die auf

[1] Possner, Lothar: Die Abkühlung der Rauchgase durch Luftvorwärmung. Spezifische Rauchgasabkühlung. Wärme Bd. 51, S. 459. 1928.

dem Wege von der Feuerung bis zum Vorwärmer in die Rauchgaszüge eintritt, und derjenigen der spezifischen Wärme berücksichtigt, und es bedeuten

λ_F = der Luftüberschuß in der Feuerung (entsprechend einem Kohlensäuregehalt k_F),
λ_H = der Luftüberschuß im Vorwärmer (entsprechend einem Kohlengehalt k_H),
L_{min} = die theoretische Luftmenge bei dem Luftüberschuß = 1 in Mol.

Die Ausstrahlung nach außen wird berücksichtigt durch den Wert η_H und das Verhältnis der Sekundärluft zur gesamten für die Verbrennung notwendigen Luftmenge durch η_B, so daß wir endlich erhalten

$$m_H = m'_H \cdot \frac{\eta_B}{\eta_H}. \quad (53)$$

Es folgen noch die Werte m'_H für eine Reihe wichtiger Kohlensorten für einen Kohlensäureverlust von 0 bis 2% von der Feuerung bis zum Vorwärmer.

Zahlentafel 7. Steinkohlen $h_u = 7000$ kcal.
Spezifische Rauchgasabkühlung $m'_H = \frac{\Delta t}{\Delta h}$.

CO_2-Gehalt in der Feuerung	Kohlensäureverlust bis zum Vorwärmer in %				
	0,0	0,5	1,0	1,5	2,0
14,0	0,899	0,870	0,840	0,811	0,781
13,5	0,902	0,872	0,841	0,810	0,779
13,0	0,905	0,873	0,841	0,809	0,776
12,5	0,908	0,875	0,841	0,807	0,773
12,0	0,911	0,876	0,841	0,806	0,770
11,5	0,914	0,878	0,841	0,803	0,766
11,0	0,918	0,879	0,840	0,801	0,761
10,5	0,921	0,880	0,839	0,797	0,761
10,0	0,924	0,881	0,837	0,794	0,750
9,5	0,927	0,881	0,835	0,789	0,742
9,0	0,930	0,882	0,833	0,783	0,734
8,5	0,934	0,882	0,830	0,777	0,724

Zahlentafel 8. Braunkohlenbrikett $h_u = 4690$ kcal.
Spezifische Rauchgasabkühlung $m'_H = \frac{\Delta t}{\Delta h}$.

CO_2-Gehalt in der Feuerung	Kohlensäureverlust bis zum Vorwärmer in %				
	0,0	0,5	1,0	1,5	2,0
14,0	0,854	0,828	0,801	0,774	0,747
13,5	0,859	0,831	0,803	0,775	0,746
13,0	0,863	0,834	0,805	0,775	0,745
12,5	0,867	0,837	0,806	0,775	0,744
12,0	0,872	0,840	0,807	0,775	0,742
11,5	0,876	0,843	0,808	0,774	0,739
11,0	0,881	0,845	0,809	0,773	0,736
10,5	0,885	0,848	0,810	0,771	0,732
10,0	0,890	0,850	0,809	0,768	0,727
9,5	0,895	0,852	0,809	0,765	0,721
9,0	0,899	0,854	0,808	0,762	0,714
8,5	0,804	0,855	0,806	0,756	0,706

Zahlentafel 9. Rheinische Rohbraunkohle $h_u = 1860$ kcal.
Spezifische Gasabkühlung $m'_H = \frac{\Delta t}{\Delta h}$.

CO_2-Gehalt in der Feuerung	Kohlensäureverlust bis zum Vorwärmer in %				
	0,0	0,5	1,0	1,5	2,0
14,0	0,716	0,697	0,678	0,659	0,639
13,5	0,723	0,703	0,683	0,663	0,642
13,0	0,731	0,709	0,688	0,666	0,644
12,5	0,738	0,716	0,693	0,670	0,646
12,0	0,745	0,722	0,698	0,673	0,648
11,5	0,753	0,728	0,703	0,676	0,650
11,0	0,761	0,734	0,707	0,679	0,650
10,5	0,769	0,741	0,711	0,681	0,651
10,0	0,778	0,747	0,715	0,683	0,651
9,5	0,786	0,753	0,719	0,685	0,649
9,0	0,795	0,759	0,723	0,685	0,647
8,5	0,807	0,769	0,729	0,688	0,646

9. Aufgaben.

Aufgabe 1. Ein Zweiflammrohrkessel von 100,8 qm, 2200 mm ⌀, 58,5 qm Flammrohrfläche, 3,06 qm Rostfläche, 19,5 cbm Wasserraum und 7 cbm Dampfraum soll nicht wie gewöhnlich mit Mauerwerk umgeben, sondern nach Art der Wärmespeicher isoliert werden[1]. Die Rauchgase verlassen das Flammrohr mit 550° und ziehen von da ab direkt durch einen Überhitzer, in dem der Dampf von 15 atü auf 330° überhitzt wird, zuletzt gehen sie durch einen Rauchgasvorwärmer, worin sie soweit wie möglich herabgekühlt werden, um einen guten Gesamtwirkungsgrad zu erzielen.

An der Erzeugung von 1 kg Dampf nehmen teil

Kessel mit	510 kcal
Überhitzer mit	85 kcal
Vorwärmer mit	105 kcal

Der Wirkungsgrad des Kessels allein beträgt bei 550° Abgastemperatur, 11% Kohlensäuregehalt im Vorwärmer und bei der Verbrennung von Steinkohle mit 7000 kcal/kg unterer Heizwert, $v' = 0{,}691$, $\eta_F = 0{,}97$, also $v = 0{,}67$

Abgasverlust . . . $0{,}67 \frac{550 - 20}{11}$	$= 32{,}3\%$
Unverbranntes	3,0%
Strahlung	2,7%
Verluste insgesamt	38,0%
	$\eta_k = 62{,}0\%$

Wir wählen noch die Wirkungsgrade

$$\eta_U = \eta_E = 0{,}9$$

[1] Nach einem Vorschlag der Deutschen Hochdruck-Economiser-Gesellschaft m. b. H., Mannheim.

und erhalten für den Überhitzer und Vorwärmer:

Wärmeentzug

$$\frac{(85 + 105) \cdot 62}{0,9 \cdot (700 - 85 - 105)} = \frac{190 \cdot 62}{0,9 \cdot 510} = 25,65\,\%\,,$$

gesamter Wirkungsgrad

$$\begin{array}{r} 0,9 \cdot 25,65 = 23,085\,\% \\ +\ 62,0\ \ \,\% \\ \hline 85,0\ \ \,\% \end{array}$$

Wärmeentzug durch Überhitzer

$$\frac{85}{190} \cdot 25,65 = 11,46\,\%.$$

Wärmeentzug durch Vorwärmer

$$\frac{105}{190} \cdot 25,65 = 14,19\,\%.$$

Gasabkühlung durch Überhitzer

$$\frac{11,46 \cdot 11}{0,67} = 188^\circ.$$

Gasabkühlung durch Vorwärmer

$$\frac{14,19 \cdot 11}{0,67} = 233^\circ.$$

Es ergibt sich daher folgender Temperaturverlauf.

nach Kessel . . . . vor Überhitzer	550°
nach Überhitzer . . . . vor Vorwärmer	362°
nach Vorwärmer	129°

Die Flammrohre werden bei normaler Einmauerung belastet mit

$$2400 \cdot 640 = 1\,535\,000 \text{ kcal}$$

und können daher mit Vorwärmer eine stündliche Leistung von

$$\frac{1\,535\,000}{510} = \text{rund } 3000 \text{ kg}$$

erreichen. Die stündliche Brennstoffmenge beträgt daher

$$\frac{3000 \cdot 700}{7000 \cdot 85} = 353 \text{ kg}.$$

Die Gasmenge pro kg Brennstoff bei 11% Kohlensäure

13,5 cbm 0/760 trockene Gase,
0,57 cbm Wasserdampf,

14,07 cbm 0/760 feuchte Rauchgase.

Gasgeschwindigkeit

$$\text{Eintritt: } \frac{353 \cdot 14{,}07 \cdot (273 + 362)}{3600 \cdot 0{,}163 \cdot 3 \cdot 273} = 6{,}58 \text{ m/s},$$

$$\text{Austritt: } \frac{6{,}58 \cdot (273 + 129)}{273 + 362} = 4{,}16 \text{ m/s},$$

$$\text{im Mittel: } = 5{,}36 \text{ m/s}.$$

0,163 · 3 ist der freie Rauchgasquerschnitt von 3 Rippenrohren. Die entsprechende Wärmedurchgangszahl ist $k =$ ca. 9, und es wird die Heizfläche des Vorwärmers

$$\frac{3000 \cdot 105}{\left(\frac{362 + 129}{2} - \frac{50 + 155}{2}\right) \cdot 9} = \frac{315000}{1287} = 245 \text{ qm}.$$

Die vorstehenden Gleichungen genügen vollauf, um einen Rauchgasvorwärmer wärmetechnisch auf dem kürzesten Wege zu berechnen und zugleich die notwendig werdenden Annahmen richtig zu treffen. Ist diese Berechnung entsprechend den wirklich vorhandenen Verhältnissen gut durchgeführt, so tritt auch eine schlecht gewählte Wärmedurchgangszahl nicht so in Erscheinung. Bekanntlich hängt die Wärmedurchgangszahl von einer Unmenge Faktoren ab, deren Wirkung noch wenig erforscht ist und die daher auch für die Berechnung noch nicht dienstbar gemacht werden können. Für die praktischen Verhältnisse genügt es in den meisten Fällen, die Wirkung eines projektierten Vorwärmers einzugrenzen derart, daß Fehlschläge irgendwelcher Art von vornherein ausgeschlossen werden können. In schwierigen Fällen wird man Spezialfirmen mit ihren weitgehenden Erfahrungen zu Rate ziehen.

Aufgabe 2. Speisewasservorwärmer oder Lufterhitzer? Die Frage, ob Speisewasservorwärmer oder Lufterhitzer dürfte heute schon im Prinzip entschieden sein, obwohl zur restlosen Klärung dieser Frage noch viel Forschungsarbeit geleistet werden muß. Wir stellen uns die Aufgabe, zu untersuchen, welche Vorwärmerarten notwendig sind, um einen guten Wirkungsgrad zu erhalten.

Nehmen wir an, daß ein Wirkungsgrad von 85% heute als gut erreichbar gilt, und nehmen wir ferner an, daß die Verluste sich wie folgt verteilen:

Unverbranntes	=	2,5%
Strahlung und Leitung	=	5,0%
Abgasverlust	=	7,5%
Summe	=	15,0%

Zur Verbrennung gelange ein Brennstoff von $h_u = 7000$ kcal. Der Kohlensäuregehalt in der Feuerung betrage 14% und im Vorwärmergebiet 12%, so daß also von der Feuerung bis zum Vorwärmer durch falsche Luft ein Verlust von 2% entsteht.

Der Wirkungsgrad von 85% kann ohne Luftvorwärmer nur mit Speisewasservorwärmer erreicht werden, denn die Abgastemperatur beträgt

$$\frac{7{,}5 \cdot 12}{0{,}975 \cdot 0{,}695} + 20 = 153^\circ.$$

Wird die Verbrennungsluft um 100° vorgewärmt, so stehen außer 7000 kcal noch die in der Luft enthaltene Wärmemenge bei der Verbrennung zur Verfügung. Der Betrag dieser Wärmemenge ist für 1 kg Brennstoff

$$i_h = \lambda_F \cdot L_{\min}[M c p]_{h_1}^{h_2} (h_2 - h_1) \tag{54}$$

und hierbei bedeuten

λ_F = Luftüberschuß in der Feuerung,
$L_{\min}$ = die theoretische Luftmenge zur Verbrennung von 1 kg Brennstoff in Mol,
Mcp = die Molekularwärme von Luft,
h_1 = Anfangstemperatur der Luft,
h_2 = Endtemperatur der Luft

und für unser Beispiel

$$i_h = 0{,}452137 \cdot 7{,}01 (120 - 20) = 317 \text{ kcal}.$$

Die Abkühlung der Rauchgase ist

$$100 \cdot \frac{0{,}781}{0{,}8} = 98°,$$

wenn angenommen wird, daß 20% der den Rauchgasen für den Zweck der Luftvorwärmung entzogenen Wärmemengen verlorengehen. Die Temperatur der Rauchgase vor dem Lufterhitzer ist

$$153 + 98 = 251°.$$

Eine Abkühlung der Rauchgase auf diese Temperatur durch den Kessel ist deshalb nicht möglich, weil die Temperatur des Kesselinhalts nur wenige Grad darunterliegt. Eine Wirkungsgradverbesserung durch den Luftvorwärmer ist direkt nicht zu verzeichnen, denn die Wärmemenge i_h wird den Rauchgasen im steten Kreislauf wieder zugeführt

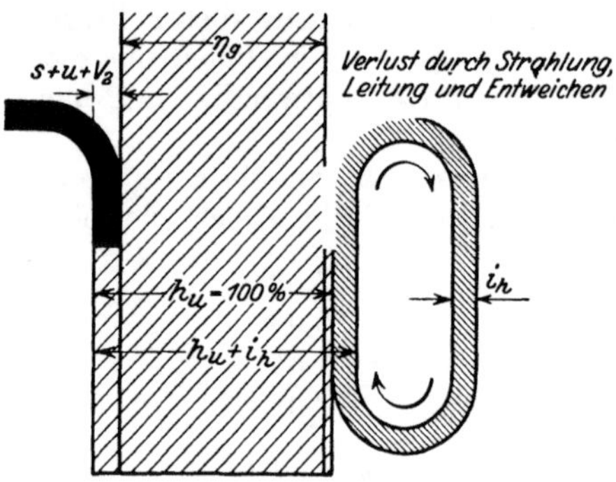

Abb. 95. Wärmefluß bei einer Kesselanlage mit Lufterhitzer.

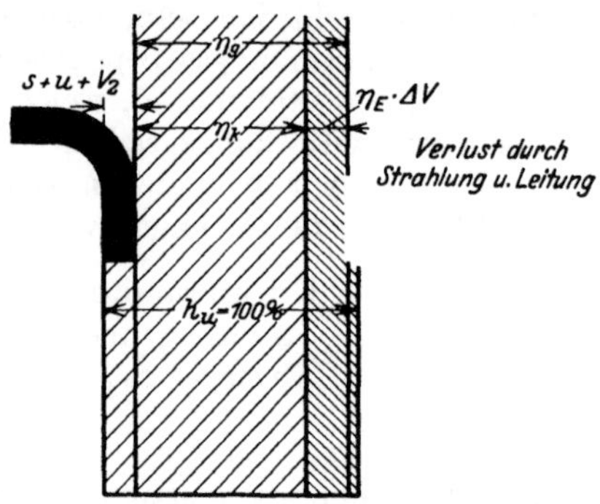

Abb. 96. Wärmefluß bei einer Kesselanlage mit Speisewasservorwärmer.

(s. Abb. 95/96). Nur die hierbei unvermeidbaren Verluste müssen durch Brennstoffwärme ersetzt werden und bilden einen Teilbetrag der Gesamtverluste. Aus diesem Grunde ist der Ausdruck „Abgasausnutzung" bei einem Lufterhitzer nicht angebracht, da es immer dieselbe Wärmemenge ist, die der Lufterhitzer den Rauchgasen entzieht und ihnen über die Feuerung wieder zuführt. Von der Brennstoffwärme müssen also schon vor Eintritt der Rauchgase in den Lufterhitzer 85% ausgenutzt sein, und die 251° können ebenfalls nur mit einem Economiser erreicht werden.

Nehmen wir eine Luftaufwärmung um 200° an, so wird die Gastemperatur vor dem Lufterhitzer

$$251 + 98 = 349°.$$

Eine solche Temperatur kann mit den bisher verwendeten Kesseltypen bei einer bestimmten Belastung, je nach der Konstruktion des Kessels, erreicht werden. Wird aber trotzdem ein Economiser verwendet, so kann dafür die Heizfläche kleiner oder die spezifische Belastung höher gewählt werden, da ein Economiser die Kesselheizfläche entlastet. Also selbst in diesem Falle hat der Speisewasservorwärmer seine Daseinsberechtigung.

Wird die Luft um 300° vorgewärmt, so wird die Gastemperatur

$$349 + 98 = 447°.$$

Diese Temperatur ist nur Hochleistungskesseln eigentümlich. Als Feuerung kommt hierbei nur Kohlenstaubfeuerung in Frage, da mechanische Roste hohe Lufttemperaturen nicht vertragen können. Zur Speisewasservorwärmung können nur Rippenrohre oder schmiedeeiserne Vorwärmer verwendet werden.

An Hand vorstehender Ausführungen ist es klar, daß Speisewasservorwärmer und Lufterhitzer sich gegenseitig nicht ausschließen, sondern sogar nebeneinander verwendet werden können. Die Bedeutung des Lufterhitzers liegt in der Hauptsache darin, daß durch ihn das Temperaturniveau der Rauchgase im Kessel höher gelegt wird. Die Folgen dieser Höherlegung der Temperaturen sind die höhere spezifische Kesselleistung und Überlastbarkeit des Kessels innerhalb einer gewissen Belastungsspanne, ohne daß sich der Wirkungsgrad wesentlich verändert. Bei normalen Kesseltypen wird bei alleinigem Einbau eines Lufterhitzers die Temperatur hinter dem Kessel höher und so zunächst der Wirkungsgrad niedriger. Demgegenüber ist der Speisewasservorwärmer ein wirksames Mittel, um den Wirkungsgrad zu erhöhen. Ein Lufterhitzer erhöht den Wirkungsgrad nur wenig und indirekt; er ist mehr ein Mittel zur Leistungssteigerung. Der Speisewasservorwärmer dahingegen dient zur Entlastung des Kessels — also ebenfalls zur Leistungssteigerung — und zur Erhöhung der Wirtschaftlichkeit der Kesselanlage.

10. Die Wärmedurchgangszahl und die Temperaturdifferenz.

Während die wärmetechnische Berechnung in der Hauptsache auf die Bestimmung der Temperaturen hinausläuft, gehört zur Ermittlung der Heizflächengröße noch die Wahl eines Erfahrungswertes k, d. h. die Wärmedurchgangszahl. Der Wert k gibt an, wieviel kcal pro Srunde, pro qm und pro Grad Temperaturdifferenz auf das Speisewasser übertragen werden. Er ist eine für die Berechnung von Vorwärmern sehr wichtige Größe. Jedoch darf diese Wichtigkeit auch nicht überschätzt werden, denn ein Vorwärmer ist keine physikalische Apparatur, sondern ist und bleibt — wieviel auch an der Vervollkommnung erreicht wird — ein technischer Apparat, auf dessen Wirkungsweise eine unendliche Menge von Faktoren von Einfluß sind.

Zunächst ist der Wert k gemäß seiner Ermittlung ein reiner Rechnungswert. Bei einer bestehenden Anlage werden die Temperaturen, die Speisewassermenge und die Heizfläche ermittelt und gemäß der Gleichung

$$Q = k \cdot F \cdot \left(\frac{t_1 + t_2}{2} - \frac{w_1 + w_2}{2}\right)$$

k errechnet. Es ist allgemein bekannt, daß es sehr schwierig ist, die Temperaturen, insbesonders die Gastemperaturen, genau zu bestimmen. Ebenso ist die Messung der Speisewassermenge mit den üblichen Wassermessern immer fehlerhaft. Auf diese Weise sind die praktisch ermittelten k-Werte mit einer mehrfachen Unsicherheit behaftet. Außerdem wird selten angegeben, ob bei der Berechnung der Wärmedurchgangszahl das arithmetische Temperaturmittel, wie in obiger Gleichung, zugrunde gelegt worden ist oder der der Wirklichkeit mehr entsprechende logarithmische Verlauf.

Bedeutet Δ_e die mittlere Temperaturdifferenz und Δ_m die arithmetische Temperaturdifferenz, so sind die Werte Δ_m mit einem Wert b zu multiplizieren, um das genaue logarithmische Temperaturmittel zu erhalten. Die Werte b sind in der beifolgenden Tabelle aus „Hütte“ Bd. 1, 25. Aufl., S. 461, enthalten. Hierzu ist noch zu bemerken, daß

Δ' = die Differenz der Flüssigkeitstemperaturen am Anfang und

Δ'' = die Differenz der Flüssigkeitstemperaturen am Ende der Heizfläche bedeuten, wobei die Richtung der Heizfläche in Richtung der heißen Flüssigkeit zu rechnen ist.

Zahlentafel 10. $b = \Delta_e/\Delta_m$.

Δ'/Δ''	b	Δ'/Δ''	b
1,0	1,000	3,0	0,910
1,2	0,998	3,5	0,899
1,4	0,991	4,0	0,867
1,6	0,981	4,5	0,846
1,8	0,971	5,0	0,826
2,0	0,962	6,0	0,798
2,2	0,952	7,0	0,770
2,4	0,942	8,0	0,748
2,6	0,928	9,0	0,729
2,8	0,918	10,0	0,610

Aus Hütte: 25. Aufl. 1. Bd., S. 461.

Erfahrungsgemäß ist die Wärmedurchgangszahl ($= k$) von der mittleren Gasgeschwindigkeit abhängig. Daher bildete bisher die Zuordnung der gefundenen Werte zur jeweiligen Gasgeschwindigkeit ein Hauptmoment in der experimentellen und rechnerischen Bestimmung der k-Werte. Gemäß seiner Bestimmung als Rechnungswert liegt es aber auch nahe, eine Abhängigkeit der Wärmedurchgangszahl vom Temperaturmittel zu vermuten. Die in dieser Richtung in letzter Zeit unternommenen Versuche haben eine Gesetzmäßigkeit ergeben, so daß nunmehr auch die Erforschung der Abhängigkeit vom Temperaturmittel mehr in den Kreis der Betrachtungen gezogen werden wird[1]. Bei der

[1] Eikmann, Dr.-Ing. Werner: Die Wärmeübertragung in Heizrohren. Arch. Wärmewirtsch. Jg. 9, S. 5.

Berechnung der Vorwärmerheizfläche wird die mittlere Temperaturdifferenz selbst schon berücksichtigt, und es wird daher die Abhängigkeit der Wärmedurchgangszahl von dieser Größe nicht in einem solchen Maße stehen, daß bei deren Nichtberücksichtigung allzu große Fehler entstehen. Die Unsicherheit, die in der technischen Temperaturmessung liegt, erschwert zudem noch die experimentelle Ermittlung dieser Abhängigkeit.

Die Gasgeschwindigkeit wird bestimmt aus der stündlich durch den Vorwärmer strömenden Gasmenge bei der jeweiligen Temperatur und aus dem für die Rauchgase zur Verfügung stehenden freien Querschnitt im Vorwärmer. Der freie Rauchgasquerschnitt ist die Fläche zwischen dem Vorwärmermauerwerk senkrecht zur Strömungsrichtung der Gase, vermindert um die in derselben Richtung gesehene Silhouette des Vorwärmers. Es ist nun zu bezweifeln, ob die für verschiedene Vorwärmerbauarten, z. B. Schabereconomiser und Rippenrohrvorwärmer, gefundenen Wärmedurchgangszahlen bezogen auf dieselbe Geschwindigkeit vergleichbar sind. Die rechnungsmäßige Geschwindigkeit wird wohl bei einem Rippenrohrvorwärmer viel kleiner ausfallen als die wirkliche Geschwindigkeit. Die Unzahlen von Rippenflächen, die von den Rauchgasen bestrichen werden, wirken auf die vorbeiströmenden Rauchgase verzögernd ein (Prandtlsche Grenzschicht). Der übrigbleibende Teil der Rauchgase muß somit mit höherer Geschwindigkeit durch den Vorwärmer hindurchziehen. Bei Schabereconomisern sind solche verzögernde Flächen nicht in solchem Maße vorhanden, so daß hierbei die wirkliche Gasgeschwindigkeit mit der berechneten viel eher übereinstimmen dürfte. Die Abhängigkeit der Wärmedurchgangszahl von der Rauchgasgeschwindigkeit bringt es mit sich, daß ein guter Wärmedurchgang auf Kosten der Zugstärke erkauft wird. Bei manchen Anlagen sind die Zugverhältnisse oft sehr knapp. Auf diese Weise verbleibt für den Vorwärmer sehr wenig Zug übrig, und es muß daher die Bestimmung des durch den Vorwärmer hervorgerufenen Reibungsverlustes als ebenso wichtig angesehen werden (s. Reibungsverlust S. 128). Die Bestimmung des Reibungsverlustes bietet jedoch weniger Schwierigkeiten als die Bestimmung des Wärmedurchgangs, und es können hierzu die Ergebnisse der aerodynamischen Forschung mit herangezogen werden. Empfehlenswert wäre aber, durch großzügig angelegte Versuche die Bestimmung dieser beiden Erscheinungen zugleich vorzunehmen. Es muß aber immer wieder darauf hingewiesen werden, daß die so gewonnenen Versuchswerte nur beschränkte Gültigkeit haben, weil diese oder jene Einflüsse meist künstlich beseitigt sind.

Der freie Rauchgasquerschnitt beträgt z. B. bei Schabereconomisern bei einer Gasführung parallel zu den Rohrachsen 0,01 qm pro Rohr. Durch abwechselndes Höherlegen der Unterkästen kann man den freien Rauchgasquerschnitt pro Rohr auf 0,02 qm steigern. Der Rippenrohrvorwärmer der Deutschen Hochdruck-Economiser-Gesellschaft hat bei 1985 mm Rohrlänge 0,163 qm und bei 2500 mm Länge 0,205 qm freien Rauchgasquerschnitt. Werden die Rauchgase bei Schabereconomisern senkrecht zur Rohrachse durch den Vorwärmer geführt, so kann der freie Rauchgasquerschnitt verschiedene Werte annehmen, je nachdem wie die Einmauerung vorgenommen wird.

Für die Wärmedurchgangszahl, abhängig von der Gasgeschwindigkeit, seien die Abb. 97 bis 99 wiedergegeben. Man ersieht hieraus, daß

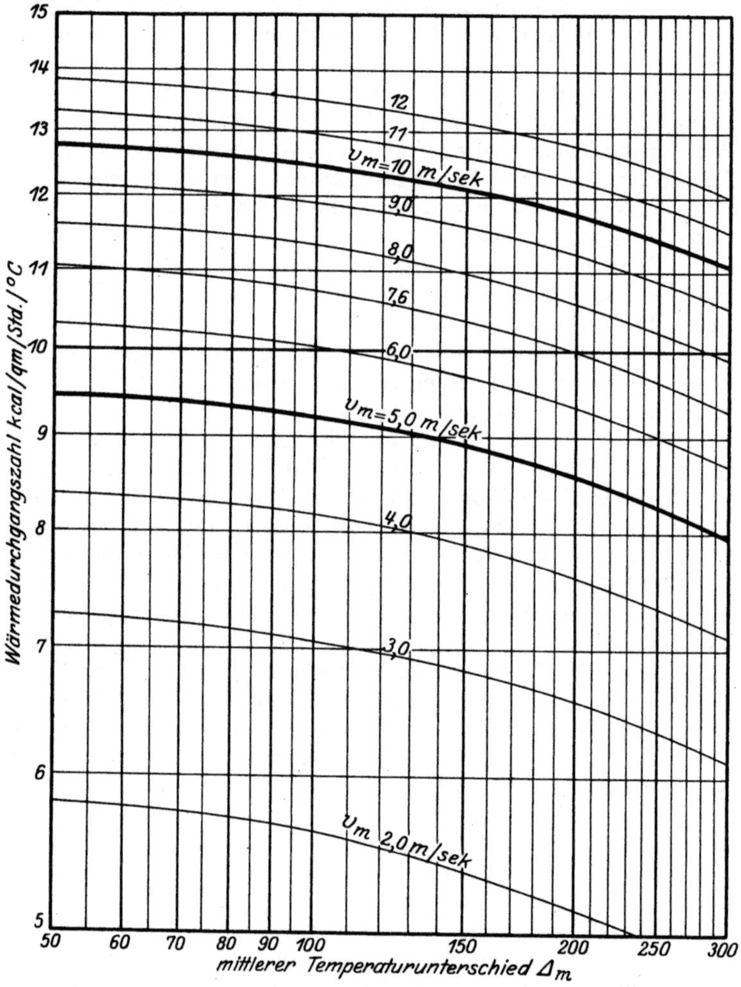

Abb. 97. Nomogramm (aufgestellt von Dipl.-Ing. Neussel, Mannheim-Neckarau) zur Bestimmung der Wärmedurchgangszahl aus mittlerer Temperaturdifferenz und Gasgeschwindigkeit für Rippenrohre (Deutsche Hochdruck-Economiser-Gesellschaft m. b. H., Mannheim). Die reine Heizfläche ergibt ca. 15—20% mehr.

die den Garantien zugrunde gelegten Wärmedurchgangszahlen bei Rippenrohrvorwärmern nicht sehr stark voneinander abweichen, und daß die Werte bei den praktisch bevorzugten Gasgeschwindigkeiten nicht stark ansteigen. Aus diesem Grunde hat ein schlecht gewählter k-Wert bei Rippenrohrvorwärmern auch keinen so starken Einfluß auf das Ergebnis der Vorwärmerberechnung, vorausgesetzt, daß die An-

Zahlentafel 11. **Wärmedurchgangszahlen für Rauchgaslufterhitzer.**

Luftgeschwindigkeit m/s	Rauchgasgeschwindigkeit in m/s					
	0,5	1,0	2,0	5,0	10,0	20,0
0,5	4,5	5,2	5,8	6,6	7,1	7,6
1,0	5,2	6,0	6,9	8,1	8,9	9,6
2,0	5,8	6,9	8,1	9,7	10,9	12,0
5,0	6,6	8,1	9,7	12,2	14,1	16,1
10,0	7,1	8,9	10,9	14,1	16,7	19,6

Aus Herberg, Handbuch der Feuerungstechnik etc. Berlin: Julius Springer.

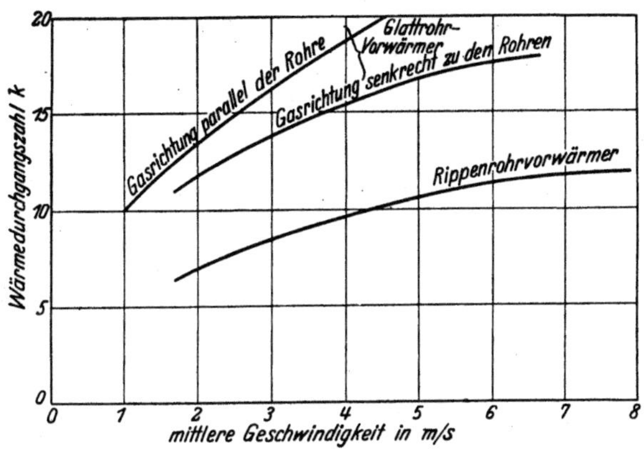

Abb. 98. Wärmedurchgangszahlen von Glattrohr- und Rippenrohrvorwärmern der Vereinigten Economiser-Werke G. m. b. H., Düsseldorf und Freital.

nahmen und Schätzungen der übrigen Berechnung jeweils der Wirklichkeit entsprechend getroffen wurden.

Bei neuen Vorwärmerkonstruktionen ist es empfehlenswert, wenn man beim Einbau sog. Deflektoren vorsieht. Das sind kleine Drosselklappen, die man in einem neben dem Vorwärmer hierzu besonders vorgesehenen Raum unterbringt und wodurch ermöglicht wird, die Geschwindigkeit der Rauchgase in bestimmten Grenzen zu verändern. Hierdurch wird erreicht, daß sich verschiedene Wärmedurchgangszahlen und ebenso verschiedene Reibungsverluste einstellen. Deflektoren sind auch bei knappen Zugverhältnissen am Platze. Angenommen, eine Kesselanlage arbeite mit Schornsteinzug und bei gleichmäßiger Belastung. Der Schornstein ergibt dann an dem heißesten Sommertage eine geringere Zugstärke gegenüber der kältesten Jahreszeit. Die Differenz kann oft mehrere mm WS betragen. Der Vorwärmer sei so bemessen, daß im Sommer stets ein ordnungsgemäßer Betrieb möglich ist. Sind nun bei dem Vorwärmer Deflektoren angeordnet und sind diese während der

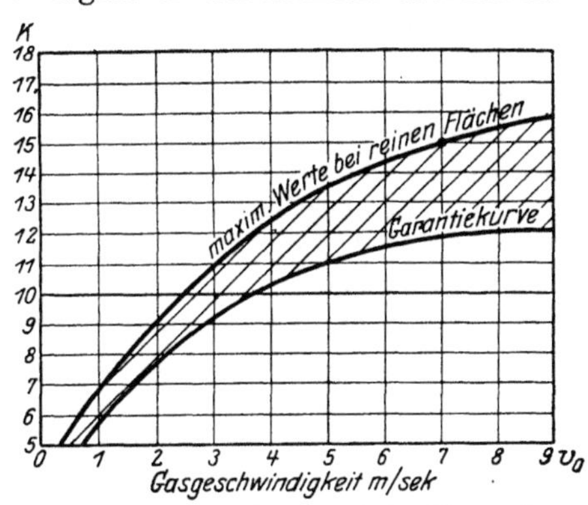

Abb. 99. Wärmedurchgangszahl des Rippenrohrvorwärmers der Firma Föge, Hannover. (Aus: Herberg: Handbuch der Feuerungstechnik und des Dampfkesselbetriebes, Julius Springer, Berlin).

Sommerzeit geöffnet, so können sie mit der abnehmenden Außentemperatur allmählich immer mehr geschlossen werden, bis sie im Winter ganz den freien Raum neben dem Vorwärmer absperren. Der durch diese Regulierung zunehmende Reibungsverlust im Vorwärmer wird dann durch den besseren Zug des Schornsteins gedeckt, es wird aber auch ein besserer Wärmedurchgang erzielt als im Sommer. Ein guter Betriebsleiter hat es auf diese Weise in der Hand, das Letzte aus seiner Anlage herauszuholen. Durch die Heizung von Arbeitsräumen usw. erforderliche Mehrausgaben können so etwas reduziert werden.

Die theoretischen Forschungen der letzten Zeit haben ergeben, daß die Bestimmung der Wärmedurchgangszahl äußerst schwierig ist. Trotz des Arbeitsaufwandes und der auf Grund mühsamer theoretischer Untersuchungen vorgenommenen Versuche konnte man bisher nur sehr geringe Ergebnisse zeitigen. Es kann nicht Aufgabe dieses Buches sein, über diese interessanten Forschungen zu berichten, es sei daher auf die entsprechende Spezialliteratur verwiesen. Es gibt mehrere gute Werke, die dieses Gebiet behandeln und sich auch gegenseitig recht gut ergänzen[1].

11. Die wirtschaftlichste Vorwärmergröße.

Nachdem die technischen Voraussetzungen geprüft und die notwendige Vorwärmergröße bestimmt ist, ist die Wirtschaftlichkeit einer Vorwärmeranlage eigentlich nur eine rein kaufmännische Frage. Die Tätigkeit des Ingenieurs ist damit abgeschlossen. Der Kaufmann hat nun zu ermitteln unter Berücksichtigung weiterer notwendig werdender Anschaffungen und Änderungen wie

Einmauerung,
Änderung der Fuchsanlage,
Eisen zur Unterstützung und Verankerung,
Neue Fuchsabsperrorgane,
Verlegung der Rohrleitung,
Etwaige Zugverstärkungsanlage und deren Stromverbrauch usw.

Inmitten dieser Extraausgaben spielt der Vorwärmerpreis oft eine sehr bescheidene Rolle, so daß es müßig erscheint, eine „wirtschaftliche“ Heizfläche zu bestimmen. Die Leistung der Vorwärmerheizfläche nimmt nach dem Ende zu meist sehr stark ab, doch ist dies nicht Grund genug, um eine bestimmte Heizflächengröße als die wirtschaftlichste zu bezeichnen. Es dringt allgemein immer mehr die Ansicht durch, daß der Speisewasservorwärmer nicht nur ein Apparat zur Ausnutzung der Abwärme ist, sondern auch ein wichtiges, heute kaum mehr zu entbehrendes Glied einer Dampfkesselanlage darstellt. Demzufolge muß bei dem Entwurf einer Dampfkesselanlage der Vorwärmer mehr in den Kreis der Betrachtungen gezogen werden und der Kessel mit Rücksicht auf den

---

[1] Bosch, M. ten: Die Wärmeübertragung. 2. Aufl. Berlin: Julius Springer. — Gröber: Die Grundgesetze der Wärmeleitung und des Wärmeüberganges. Berlin: Julius Springer. — Gröber: Einführung in die Lehre von der Wärmeübertragung. Berlin: Julius Springer. — Merkel: Die Grundlagen der Wärmeübertragung. Dresden u. Leipzig: Theodor Steinkopff.

Vorwärmer entworfen und konstruiert werden. Bezüglich der Größe braucht man keine Unwirtschaftlichkeit zu fürchten, denn der Vorwärmer ist immer billiger wie etwa fortfallende Kesselheizfläche. Die Konkurrenz des Lufterhitzers braucht der Speisewasservorwärmer nicht zu fürchten, denn seine Lebensdauer wird meist viel größer und der Zweck des Herstellens von Dampf durch die Aufwärmung des Speisewassers schon erfüllt sein, während beim Lufterhitzer dies erst auf Umwegen erreicht wird.

Eine sehr wichtige Rolle spielt in der kapitalknappen Zeit die Art und Weise der Beschaffung der notwendigen Mittel. Hohe Zinsen usw. sind hierbei viel ausschlaggebender als eine etwas große Heizfläche. Aus diesem Grunde muß es dem Verbraucher selbst überlassen bleiben, die Entscheidung darüber herbeizuführen, ob für ihn ein technischer Vorschlag wirtschaftlich erscheint. Ein guter kaufmännischer Instinkt wird es oft besser treffen als die beste ausgeklügelte Wirtschaftlichkeitsmethode.

Die kaufmännische Rechnung hat an der durch den Vorwärmer erzielten Kohlenersparnis anzuknüpfen, die durch die Gleichung (46) gegeben ist. Dieser meist garantierte Zahlenwert braucht nur mit der bisher verbrannten Kohlenmenge multipliziert zu werden, um die erzielbaren Ersparnisse zu erhalten. Besonders werden diese Ersparnisse dort in Erscheinung treten, wo das Kohlenkonto ein wesentlicher Bestandteil der laufenden Unkosten eines Unternehmens ist. Ist dies weniger der Fall, so wird auch das Interesse nicht so stark sein, diesen Teil der Ausgaben zu verringern, sondern man wird erst einmal an einer anderen Stelle des Verlustkontos den Hebel zur Sanierung ansetzen. Daß die Ersparnisse größer werden mit der Höhe des Kohlenpreises, des Dampfbedarfes und der täglichen bzw. jährlichen Betriebszeit, ist selbstverständlich.

Wie schon an den betreffenden Stellen dieses Buches hingewiesen wurde, braucht die Rentabilität nicht immer den Ausschlag zur Anschaffung eines Vorwärmers zu sein. Dort, wo z. B. Abfallstoffe verbrannt werden, die anderweitig nicht nutzbringend verwertet werden können, ist eine Rentabilität überhaupt nicht nachzuweisen. Aber doch könnte in solchen Fällen die Anschaffung eines Vorwärmers von Nutzen sein, wenn dadurch eine Steigerung der stündlichen Dampfmenge herbeigeführt oder aber ein stark überlasteter Kessel entlastet werden kann. Auf dieser Weise kann die Anschaffung eines teueren Dampfkessels vermieden oder aber hinausgeschoben werden. Weiter ist es möglich, die Vorwärmung des Speisewassers bis zur höchst zulässigen Grenze zu treiben, d. h. bis nahe an die Sättigungstemperatur. Dadurch wird wiederum die teuere Kesselheizfläche ersetzt durch die wesentlich billigere Vorwärmerheizfläche. Diesem Bestreben kommt die neuerdings immer mehr in Aufnahme kommende Anlage von Speichern zum Ausgleich von Spitzen in der Dampftechnik entgegen, wodurch es überhaupt möglich wird, das Speisewasser hoch vorzuwärmen. Die Dampfkessel können auf diese Weise gleichmäßig belastet werden, und eine Unterschreitung des Betriebsdruckes kommt nicht mehr vor, wodurch eine Dampfbildung im Vorwärmer ausgeschlossen ist. Weitere mittelbare Vorteile, die durch Vorwärmer erbracht werden, sind:

Erhöhung der Lebensdauer und Betriebssicherheit des Kessels,
Abscheidung von Schlamm und Kesselstein.

Man sieht, daß sich für die Bestimmung der Wirtschaftlichkeit eines Vorwärmers kein allgemeines Rezept angeben läßt, daß vielmehr dieses Problem schon bei der technischen Durchrechnung teilweise erledigt werden kann. Es ergibt sich weiterhin die Forderung zur Zusammenarbeit von Kesselkonstrukteur und Vorwärmerspezialist, ohne die die Erstellung eines modernen Kessels ordnungsgemäß nicht möglich ist.

d) Der Vorwärmer als wichtiges Glied der Kesselanlage.

1. Der Wirkungsgrad des Rauchgasvorwärmers[1].

Wie jeder technische Vorgang nicht verlustlos verlaufen kann, so ist auch die Wasseraufwärmung im Rauchgasvorwärmer mit einem Wärmeverlust verknüpft. Die den Rauchgasen entzogene Wärmemenge ist daher immer größer als die im Vorwärmer gewonnene. Die Verluste sind einzig und allein durch die Ableitung und Ausstrahlung des Mauerwerks bedingt. Verschiedentlich wird auch die sog. „falsche Luft“ mit zu den Faktoren gerechnet, welche den Wirkungsgrad des Vorwärmers beeinflussen. Dies ist jedoch nicht der Fall. Durch verschieden hohe Temperaturen, welche durch die Außerbetriebsetzung und das Anheizen hervorgerufen werden, bekommt das Mauerwerk immer Risse, und der in den Zügen herrschende Unterdruck bewirkt, daß kalte Luft von außen in den Vorwärmer eindringt. Auch kann durch Luft durch die Kettenführungen der Kratzer in den Vorwärmer gelangen. Die kalte Luft mischt sich mit den heißen Rauchgasen und setzt zunächst die Temperatur derselben herab. Sie wird dabei selbst mit zum Wärmeträger und nimmt mit an der Wärmeübertragung teil. Nach erfolgter Abkühlung zieht die Luft gemeinsam mit den Rauchgasen nach dem Schornstein ab. Ein Wärmeverlust hat aber hierdurch nicht stattgefunden. Man könnte höchstens den etwas vergrößerten Schornsteinverlust heranziehen, um einen Wärmeverlust durch die eingedrungene Luft nachzuweisen. Diese kleine Differenz, welche mit den abziehenden Gasen mehr weggeht, als wenn keine Luft eingedrungen wäre, ist aber nicht unwiederbringlich verloren. Sie kommt dadurch zustande, daß die Temperaturdifferenz kleiner geworden ist und der Vorwärmer mit derselben Heizfläche weniger Wärme übertragen kann. Der größere Schornsteinverlust kann aber durch Hinzufügen einer weiteren Vorwärmeheizfläche wettgemacht werden. Bisweilen kann es vorkommen, daß man absichtlich solche Luftbeimengungen vornimmt, um eine etwa zu hohe Anfangstemperatur herabzusetzen und nimmt von vornherein lieber eine größere Heizfläche, als

[1] Vgl. auch die während des Druckes veröffentlichte Abhandlung Richter: Wirkungsgrade der Erwärmung und Abkühlung. Arch. Wärmewirtsch. 9, 365.

daß man dauernd schadhaft gewordene Register auswechseln muß. Bei den neuesten Rippenrohrvorwärmern können indes hohe Temperaturen zugelassen werden. Um also mit einem vorhandenen Rauchgasvorwärmer möglichst viel aus den Rauchgasen herauszuholen, muß man für ein dichtes Mauerwerk sorgen. Die falsche Luft erkennt man an der Abnahme des Kohlensäuregehaltes im Vorwärmer. Viel falsche Luft kann auch den Zugverlust durch Reibung vergrößern, indem eine größere Rauchgasgeschwindigkeit hervorgerufen wird.

Bisweilen wird auch der Betrag, um welchen der Gesamtwirkungsgrad einer Dampfkesselanlage durch den Vorwärmer vergrößert wird, als Wirkungsgrad bezeichnet. Wir nennen diesen Anteil am Gesamtwirkungsgrad. Man könnte auch den Wirkungsgrad des Vorwärmers mit Umsetzungsfaktor bezeichnen.

Der Wärmeverlust durch Strahlung und Leitung des Vorwärmers muß in irgendeiner Weise mit dem Leitungs- und Strahlungsverlust der gesamten Kesselanlage in Verbindung gebracht werden können. Dieser wird meist bei Dampfkesseluntersuchungen als der sog. Restverlust bestimmt. Es liegt in der Natur der Sache, daß der größte Anteil an diesem Verlust im Abschnitt des Dampfkessels selbst liegt, da dort die höchsten Temperaturen vorhanden sind und der Strahlungsverlust nach außen hin mit der vierten Potenz der Temperatur der Kesseleinmauerung vor sich geht.

Um diese Verhältnisse näher zu untersuchen und um sie der Berechnung zugänglich zu machen, führen wir für einen jeden Teil der Kesselanlage einen Wirkungsgrad ein und erhalten:

η_K = Wirkungsgrad des Kessels allein,
$\eta_Ü$ = Wirkungsgrad des Überhitzers,
η_E = Wirkungsgrad des Economisers.

Bezeichnen wir ferner den Anteil an der gesamten Erzeugungswärme E mit

E_K = vom Kessel,
$E_Ü$ = vom Überhitzer,
E_E = vom Vorwärmer,

so haben wir die Gleichung:

$$E_K + E_Ü + E_E = E\,. \tag{55}$$

Von der verfeuerten Kohlenmenge werden nutzbar gemacht in %

V'_K = im Kessel (Verdampfung),
$V'_Ü$ = im Überhitzer (Überhitzung),
V'_E = im Vorwärmer (Vorwärmung),
V_S = gehen durch Strahlung und Leitung verloren,
V_F = Verlust durch Unverbranntes,
V_A = Verlust durch fühlbare Wärme in den Abgasen.

Wir erhalten so die Gleichung:

$$V'_K + V'_Ü + V'_E + V_S + V_F + V_A = 100\,. \tag{56}$$

Bezeichnen wir ferner die Wirkungsgrade

entsprechend V_F mit η_F
„ V_A „ η_A
„ V_S „ η_S

und bringen wir der Reihe nach die Werte V_F, V_A und V_S in Gleichung (56) auf die rechte Seite und setzen nach und nach die entsprechenden Wirkungsgrade ein, so erhalten wir

$$V'_K + V'_Ü + V'_E + V_S + V_A = 100 - V_F = 100 \cdot \left(1 - \frac{V_F}{100}\right) = 100 \cdot \eta_F.$$

Bringen wir η_F auf die linke Seite, so erhalten wir schließlich durch mehrmaliges Anwenden dieses Verfahrens mit den Summanden $\frac{V_A}{\eta_F}$ und $\frac{V_S}{\eta_A \cdot \eta_F}$ die Gleichung

$$(V'_K + V'_Ü + V'_E)\frac{1}{\eta_S \cdot \eta_A \cdot \eta_F} = 100. \tag{57}$$

Es ist aber auch

$$V'_K + V'_Ü + V'_E = 100 - V_S - V_A - V_F = \eta_g, \tag{58}$$

und wir erhalten

$$\frac{\eta_g}{\eta_S \cdot \eta_A \cdot \eta_F} = 100. \tag{59}$$

Zusammengefaßt erhalten wir noch

$$\left.\begin{aligned} \eta_F &= 1 - \frac{V_F}{100}, \\ \eta_A &= 1 - \frac{V_A}{100 \cdot \eta_F}, \\ \eta_S &= 1 - \frac{V_S}{100 \cdot \eta_F \cdot \eta_A}. \end{aligned}\right\} \tag{60}$$

Zahlenbeispiel. Die Verluste einer Kesselanlage seien

$$\begin{aligned} V_A &= 7{,}5\% \\ V_S &= 5{,}0\% \\ V_F &= 2{,}5\% \\ \hline \sum &= 15{,}0\% \\ \eta_g &= 85{,}0\%. \end{aligned}$$

Es soll Dampf gemacht werden aus Wasser von 50° C mit $p = 20$ atü und 400° C Dampftemperatur. Wir erhalten, da das Wasser bis auf Sättigungstemperatur vorgewärmt werden soll:

$$\begin{aligned} E_K &= 451 \text{ kcal} \\ E_Ü &= 108 \text{ kcal} \\ E_E &= 165 \text{ kcal} \\ \hline \sum(E_i) = E &= 724 \text{ kcal} \end{aligned}$$

Für die Wirkungsgrade erhalten wir

$$\eta_F = 1 - 0{,}025 = 0{,}975\,,$$

$$\eta_A = 1 - \frac{0{,}075}{0{,}0975} = 1 - 0{,}07692 = 0{,}92308\,,$$

$$\eta_S = 1 - \frac{0{,}05}{0{,}975 \cdot 0{,}92308} = 1 - \frac{0{,}05}{0{,}9} = 0{,}94444\,.$$

Unser Ziel jedoch ist, Gleichungen für die Wirkungsgrade η_K, $\eta_Ü$, η_E abzuleiten. In dem Wert η_S haben wir schon die Lösung für den Fall, daß

$$\eta_S = \eta_K = \eta_Ü = \eta_E$$

ist. Sind diese Werte untereinander verschieden, so wird

$$\frac{V'_K}{\eta_K} - V'_K + \frac{V'_Ü}{\eta_Ü} - V'_Ü + \frac{V'_E}{\eta_E} - V'_E = V_S\,,$$

$$\frac{V'_K}{\eta_K} + \frac{V'_Ü}{\eta_Ü} + \frac{V'_E}{\eta_E} = \eta_g + V_S\,,$$

und wenn wir V_K, $V_Ü$ und V_S durch

$$\left.\begin{aligned} V'_K &= \frac{L \cdot E_K}{K \cdot H} 100 = \eta_g \frac{E_K}{E}\,, \\ V'_Ü &= \frac{L \cdot E_Ü}{K \cdot H} 100 = \eta_g \frac{E_Ü}{E}\,, \\ V'_E &= \frac{L \cdot E_E}{K \cdot H} 100 = \eta_g \frac{E_E}{E}\,, \end{aligned}\right\} \tag{61}$$

ersetzen

$$\frac{\eta_g}{E} \cdot \left(\frac{E_K}{\eta_K} + \frac{E_Ü}{\eta_Ü} + \frac{E_E}{\eta_E}\right) = \eta_g + V_S$$

oder

$$\sum \frac{E_i}{\eta_i} = \frac{\eta_g + V_S}{\eta_g} \cdot E\,, \tag{62}$$

für $\eta_K = \eta_Ü = \eta_E$ wird die linke Seite $= \frac{E}{\eta_S}$, und wir erhalten

$$\sum \frac{E_i}{\eta_i} = \frac{E}{\eta_S}\,. \tag{63}$$

Gleichung (62) und (63) ergeben

$$\eta_S = \frac{\eta_g}{\eta_g + V_S}\,. \tag{64}$$

Zahlenbeispiel. Aus dem vorhergehenden Beispiel erhalten wir jetzt viel schneller

$$\eta_S = \frac{85}{85 + 5} = 0{,}94444\,.$$

Die Gleichung (62) ist die Kontrollgleichung für den Fall, wenn die drei Werte η_K, $\eta_Ü$ und η_E nicht gleich sind. η_S stellt einen Mittelwert dar. Meist jedoch werden die drei Wirkungsgrade in einem bestimmten Verhältnis stehen, und wir führen die Verhältniswerte α, β, γ ein:

$$\eta_K : \eta_Ü : \eta_E = \alpha : \beta : \gamma\,. \tag{65}$$

Es wird dann:

$$\left.\begin{aligned} \frac{V'_K}{\eta_K} - V'_K &= \alpha V_S\,, \\ \frac{V'_U}{\eta_U} - V'_U &= \beta V_S\,, \\ \frac{V'_E}{\eta_E} - V'_E &= \gamma V_S\,. \end{aligned}\right\} \tag{66}$$

Behandeln wir z. B. die erste dieser drei Gleichungen weiter, so wird

$$V'_K \frac{1-\eta_K}{\eta_K} = \alpha V_S\,,$$

$$\eta_g \frac{E_K}{E} \cdot \frac{1-\eta_K}{\eta_K} = \alpha V_S\,,$$

$$\frac{\alpha V_S}{\eta_g} \cdot \frac{E_K}{E} = a\,,$$

und wir erhalten endlich die Gleichungen zur Berechnung der einzelnen Wirkungsgrade

$$\left.\begin{aligned} a &= \alpha \frac{V_S}{\eta_g} \cdot \frac{E}{E_K}\,, \\ b &= \beta \frac{V_S}{\eta_g} \cdot \frac{E}{E_U}\,, \\ c &= \gamma \frac{V_S}{\eta_g} \cdot \frac{E}{E_E} \end{aligned}\right\} \tag{67}$$

und

$$\left.\begin{aligned} \eta_K &= \frac{1}{1+a}\,, \\ \eta_U &= \frac{1}{1+b}\,, \\ \eta_E &= \frac{1}{1+c}\,. \end{aligned}\right\} \tag{68}$$

Zahlenbeispiel. Legen wir unserem begonnenen Zahlenbeispiel das Verhältnis $\alpha : \beta : \gamma = 0{,}65 : 0{,}2 : 0{,}15$ zugrunde, so wird

$$a = \frac{0{,}65 \cdot 5 \cdot 724}{85 \cdot 451} = 0{,}06138\,,$$

$$b = \frac{0{,}2 \cdot 5 \cdot 724}{85 \cdot 108} = 0{,}07887\,,$$

$$c = \frac{0{,}15 \cdot 5 \cdot 724}{85 \cdot 165} = 0{,}03872\,.$$

$$\eta_K = 0{,}940\,,$$

$$\eta_U = 0{,}927\,,$$

$$\eta_E = 0{,}963\,.$$

Das Verhältnis am Gesamtverlust V_S hängt in der Hauptsache von der Belastung der Kesselanlage ab und kann durch Versuche ermittelt werden. So wurde bei einem Stierle-Kessel[1] das in der Abb. 100 dargestellte Verhältnis festgestellt. Die an dieser Stelle festgestellten Werte für η_E sind teilweise erheblich größer als der berechnete Mittelwert von $\eta_S = \sim 0{,}90$. Der Mittelwert wird in den meisten Fällen eine erhebliche Sicherheit in sich schließen. Interessant ist das Ergebnis hinsichtlich des Wertes $\eta_Ü$, der meist viel geringer angenommen wird, als er z. B. beim Stierle-Kessel gefunden wurde. Die Versuche am Stierle-Kessel sind mit großer Sorgfalt vorgenommen worden. Trotzdem dürfte es sich nicht empfehlen, die dort gefundenen Werte allgemein für Berechnungen zu benutzen. Beim Stierle-Kessel hatte der Vorwärmer eine kleine Heizfläche im Verhältnis zur Kesselheizfläche. Moderne Kesselanlagen werden meist mit einer viel größeren Vorwärmerheizfläche ausgerüstet, welche das 1,5- bis 2fache der Kesselheizfläche ausmacht. Bisweilen wird auch noch das 3fache überschritten. (Siehe Kapitel: Wasseraustrittstemperatur.)

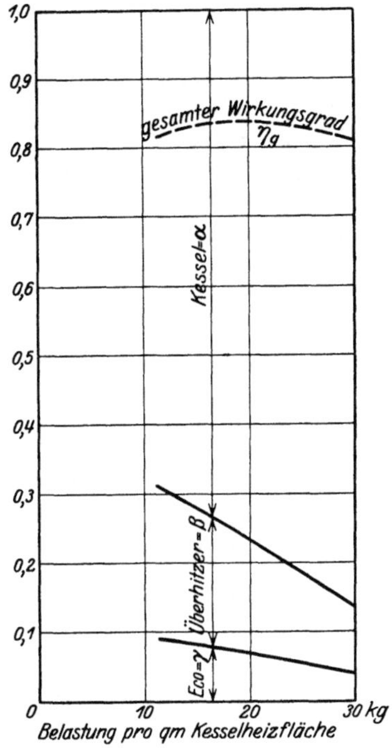

Abb. 100. Verteilung der Verluste durch Strahlung und Leitung auf Kessel, Überhitzer und Vorwärmer eines Kessels (Versuche von Kammerer).

2. Der thermische Wirkungsgrad des Vorwärmers.

Der Rauchgasvorwärmer für das Speisewasser von Dampfkesseln ist, obwohl er schon lange Zeit im Gebrauch ist, wenig Gegenstand theoretischer Erörterung gewesen. Man war bisher bemüht, Dampfmaschinen, Dampfturbinen, Verbrennungskraftmaschinen usw. auf die höchste Stufe der Vollkommenheit zu bringen, und es war immer ein Ereignis für die Fachpresse, wenn es wieder einmal gelungen war, den Wirkungsgrad dieser Maschinen um einige wenige Prozent zu verbessern. Der Kesselanlage mit ihren zugehörigen Teilen wurde aber nicht die gebührende Achtung zuteil, obwohl man hier vielleicht das Doppelte, ja Dreifache hätte sparen können. Erst in neuerer Zeit wurde man sich dessen bewußt und treibt seither eine rationelle Dampftechnik.

So war der Rauchgasvorwärmerbau ebenfalls kein vollwertiges Fach des Maschinenbaues, zumal der Vorwärmer in den meisten Kreisen als Apparat für die Abfallwärme betrachtet wurde, bis fortschrittliche Kreise auf seine Notwendigkeit und Wichtigkeit aufmerksam machten. Seitdem wird selten noch ein Dampfkessel ohne Vorwärmer für das Speisewasser aufgestellt. Auf diese Weise wurde zwar der Vorwärmer

[1] Kammerer: Versuche an einem Stierle-Kessel mit Betrachtungen über den Wärmedurch. Z. bayr. Rev.-V. 1916.

mehr in den Kreis von Versuchen mit hineingezogen, aber noch nicht die mannigfachen Beziehungen zu dem Dampfkessel selbst geklärt, in welchem er steht und stehen muß. Die Versuche wurden auch meist des Dampfkessels selbst wegen unternommen, und der Vorwärmer kam deshalb meist zu kurz weg. Neuerdings kommt auch die scheinbare Konkurrenz des Lufterhitzers der Notwendigkeit, eingehende praktische und theoretische Untersuchungen durchzuführen, entgegen. Die bisherige Behandlung genügt keineswegs, um einwandfreie und objektive Vergleiche anzustellen.

Bei Kraftmaschinen wird der thermische Wirkungsgrad zum Vergleich bei den verschiedenen Maschinenarten herangezogen. Deshalb liegt es nahe, einen ähnlichen Begriff auch für unseren Vorwärmer zu bilden. Die Verhältnisse liegen auch gar nicht so ungünstig, wie man oberflächlich annimmt. Vielmehr wird eine ganz ähnliche Beziehung aufgestellt werden können, nur daß an Stelle der absoluten Temperaturen die Temperaturdifferenzen treten.

Wir führen die Betrachtungen gleich für beide Vorwärmerarten durch, um gleichzeitig eine praktische Anwendung zu geben. Ist t_a die Temperatur der Außenluft, so hat man für beide Vorwärmerarten als zur Verfügung stehendes Temperaturgefälle

$$t_1 - t_a. \tag{69}$$

Dieses kann aber von vornhein nicht ganz ausgenutzt werden, da das Speisewasser und gegebenenfalls auch die Verbrennungsluft eine höhere Temperatur haben als t_a. Wir haben also einen ersten thermischen Wirkungsgrad, der durch die Eintrittstemperatur des zu erwärmenden Mittels bedingt ist:

Speisewasservorwärmer

$$\left.\begin{aligned} \tau_{E1} &= \frac{t_1 - w_1}{t_1 - t_a} \text{ bei Gegenstrom,} \\ \tau_{E1} &= \frac{t_1 - w_2}{t_1 - t_a} \text{ bei Gleichstrom;} \end{aligned}\right\} \tag{70}$$

Luftvorwärmer

$$\left.\begin{aligned} \tau_{H1} &= \frac{t_1 - h_1}{t_1 - t_a} \text{ bei Gegenstrom,} \\ \tau_{H1} &= \frac{t_1 - h_2}{t_1 - t_a} \text{ bei Gleichstrom.} \end{aligned}\right\} \tag{71}$$

Aus praktischen Gründen kann man aber selbst diesen Wirkungsgrad nie erreichen, da sonst die Heizflächengröße für praktische Verhältnisse zu groß würde. Auch die Austrittstemperatur der zu erwärmenden Mittel setzt Grenzen für die Ausnutzung des zur Verfügung stehenden Temperaturgefälles $t_1 - t_a$. Einmal ist die Temperatur am Austritt bei der Verbrennungsluft abhängig von der Art der Feuerung, zum anderenmal kann das zu erwärmende Speisewasser nicht höher als auf Sättigungstemperatur vorgewärmt werden. Bedeuten daher

m_E = spezifische Gasabkühlung durch Speisewasseraufwärmung,
m_H = spezifische Gasabkühlung durch Luftvorwärmung,

so haben wir zunächst

$$m_E = \frac{\Delta t}{\Delta w} = \frac{t_1 - t_2}{w_2 - w_1}, \tag{72}$$

$$m_H = \frac{\Delta t}{\Delta h} = \frac{t_1 - t_2}{h_2 - h_1} \tag{73}$$

und für den zweiten thermischen Wirkungsgrad:

Speisewasservorwärmer

$$\left.\begin{aligned} \tau_{E2} &= \frac{\Delta t}{t_1 - w_1} = \frac{m_E \cdot \Delta w}{t_1 - w_1} \text{ (Gegenstrom)}, \\ \tau_{E2} &= \frac{\Delta t}{t_1 - w_2} = \frac{m_E \cdot \Delta w}{t_1 - w_2} \text{ (Gleichstrom)}; \end{aligned}\right\} \tag{74}$$

Luftvorwärmer

$$\left.\begin{aligned} \tau_{H2} &= \frac{\Delta t}{t_1 - h_1} = \frac{m_H \cdot \Delta h}{t_1 - h_1} \text{ (Gegenstrom)}, \\ \tau_{H2} &= \frac{\Delta t}{t_1 - h_2} = \frac{m_H \cdot \Delta h}{t_1 - h_2} \text{ (Gleichstrom)}. \end{aligned}\right\} \tag{75}$$

Aus dem ersten und dem zweiten thermischen Wirkungsgrad wird durch Multiplikation der gesamte thermische Wirkungsgrad erhalten, über den hinaus praktisch eine Ausnutzung nicht möglich ist. Meist wird sich rechnerisch ergeben, daß sich mit einem Lufterhitzer selten ein so hoher thermischer Wirkungsgrad erreichen läßt wie mit einem Speisewasservorwärmer. An einem Beispiel soll das noch näher erwiesen werden.

Zahlenbeispiel. Wir legen unser schon vielfach herangezogenes Zahlenbeispiel zugrunde und erhalten für den Gegenstrom und 20° Außentemperatur

$$\tau_{E1} = \frac{530 - 50}{530 - 20} = 0{,}941$$

und für Luft von $h_1 = 20°$

$$\tau_{H1} = \frac{530 - 20}{530 - 20} = 1{,}0\,.$$

Als Brennstoff sollen Steinkohlen verbrannt werden mit $h_u = 7000$ kcal. Der Kohlensäuregehalt im Vorwärmer soll 12% betragen und der Verlust an Kohlensäure von der Feuerung bis zum Vorwärmer 2%. Der Wirkungsgrad beider Vorwärmer soll $= 0{,}963$ sein. Dann wird

$$m_E = \frac{12 \cdot 85}{0{,}963 \cdot 0{,}65 \cdot 724} = 2{,}25,$$

$$m_H = \frac{0{,}78}{0{,}963} = 0{,}81 \text{ (bei Vorwärmung der gesamten Verbrennungsluft).}$$

Der höchstmögliche thermische Wirkungsgrad des Speisewasservorwärmers wird dann bei

$$\Delta w = 165°,$$

$$w_1 = 50°,$$

$$\tau_{E2} = \frac{2{,}25 \cdot 165}{530 - 50} = 0{,}774,$$

und der gesamte Wirkungsgrad

$$\tau_E = 0{,}941 \cdot 0{,}774 = 0{,}728\,.$$

Soll nun mit dem Luftvorwärmer derselbe thermische Wirkungsgrad erreicht werden, so erhalten wir für die Gasabkühlung

$$\Delta t = 0{,}728 \cdot 510 = 371\,^\circ,$$

und die Verbrennungsluft wird dann vorgewärmt auf

$$h_2 = 20 + \frac{371}{0{,}81} = 478\,^\circ,$$

was für Dampfkesselfeuerungen ziemlich ausgeschlossen sein wird. Das Verhältnis wird sich zwar bei niedrigeren Drücken etwas zugunsten des Lufterhitzers bessern, aber nur unwesentlich. Mehr noch geschieht dies, wenn die Speisewassertemperatur am Eintritt infolge Vorwärmung durch Abdampf entsprechend hoch ist. Hiervon wird weiter unten noch die Rede sein.

Beiden Vorwärmerarten werden wir noch besser gerecht, wenn wir unsere Betrachtungen noch weiter ausdehnen. Wir ziehen hierzu die Heizflächengröße beider mit heran und bestimmen diese für dieselbe stündliche Wärmeleistung. Der Zähler unserer Heizflächenformel ist dann für beide gleich, und es treten nur Unterschiede im Nenner auf, da die mittlere Temperaturdifferenz und die k-Werte verschieden sein werden. Wir stellen zunächst fest, welcher k-Wert sich für einen bestimmten Fall für den Lufterhitzer sowohl als auch für den Speisewasservorwärmer erreichen läßt. Man bildet dann das Verhältnis

$$n = \frac{k_H}{k_E}\,. \tag{76}$$

Führen wir für die mittleren Temperaturdifferenzen entsprechend die Werte Δ_{mE} und Δ_{mH} ein, so erhalten wir für gleiche Heizflächen

$$n = \frac{\Delta_{mE}}{\Delta_{mH}}\,. \tag{77}$$

Auf Grund der schon abgeleiteten Gleichungen dieses Kapitels können wir Gleichung (76) umformen und erhalten

$$n = \frac{\dfrac{2\tau_{E1}}{\tau} - \dfrac{1}{m_E} - 1}{\dfrac{2\tau_{H1}}{\tau} - \dfrac{1}{m_H} - 1} \tag{78}$$

und für den Fall $\tau_{H1} = 1$

$$n = \frac{\dfrac{2\tau_{E1}}{\tau} - \dfrac{1}{m_E} - 1}{\dfrac{2}{\tau} - \dfrac{1}{m_H} - 1}\,. \tag{79}$$

Die beiden Gleichungen (76) und (78) erweisen sich sehr nutzbringend. Der Wert n dient zur Feststellung eines Grenzwertes für den thermischen Wirkungsgrad, unterhalb dessen der Luft- und Speisewasservorwärmer zugleich angewandt werden können und dann auch meistens thermisch gleichwertig sind. Oberhalb dieses Wertes n wird nur noch ein Speisewasservorwärmer in Frage kommen. Auf Grund der Formeln (76) und (78) wird man also schon von vornherein entscheiden können, ob ein Lufterhitzer thermisch noch möglich ist. Die Eintrittstemperatur der Luft wird meist gleich der Kesselhaustemperatur sein, während die Eintrittstemperatur des Speisewassers sehr verschieden sein kann. Es zeigt sich nun, daß, je höher diese ist, sich die Verhältnisse wesentlich zugunsten des Lufterhitzers verschieben.

Der Preis und die Lebensdauer der Luft- und Speisewasservorwärmer sind sehr verschieden, weil in dem Luftvorwärmerpreis mindestens ein Ventilator einbegriffen werden muß und die Lebensdauer desselben wegen des Verschleißes durch Flugkoks kürzer ist.

Verhält sich der Preis des Luftvorwärmers zum Preis des Speisewasservorwärmers wie die Zahl p und die entsprechende Lebensdauer wie die Zahl q, so ist der Wert n mit q/p zu multiplizieren. Die Verhältnisse verschieben sich auf diese Weise abermals ganz wesentlich.

Zahlenbeispiel. Wir berechnen für unser Beispiel auf Grund der Werte

$$w_1 = 50^\circ$$

und

$$w_1 = 120^\circ$$

unter Benutzung der Gleichungen (78) und (79) für einen gesamten thermischen Wirkungsgrad von 0 bis 0,7 die Werte n. Wir erhalten die in der Abb. 101 wiedergegebenen beiden Kurven.

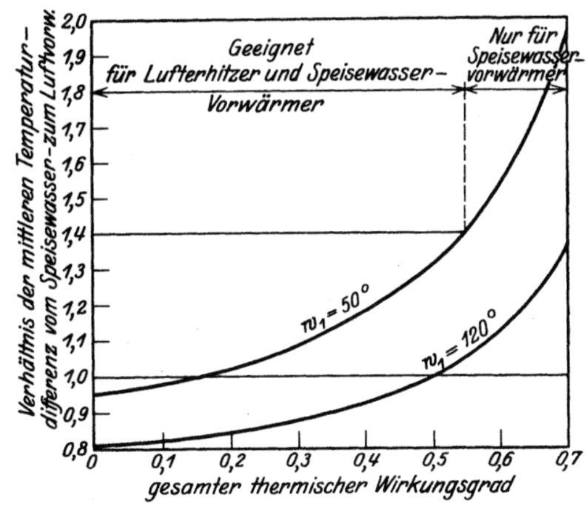

Abb. 101.

Ist nun z. B. möglich, die Wärmedurchgangszahl k_H gegenüber k_E auf das 1,4fache zu steigern, so ergibt der Schnittpunkt der Wagerechten durch 1,4

$$\text{für die } 50^\circ\text{-Kurve } \tau = 0{,}55,$$

$$\text{für die } 120^\circ\text{-Kurve } \tau = \text{über } 0{,}70.$$

Das Temperaturgefälle kann also bei 50° nur bis 0,55, dagegen bei 120° noch über 0,7 für beide Vorwärmerarten ausgenutzt werden.

Bisher war vorausgesetzt worden, daß die Gasmenge auf dem Wege von der Feuerung bis zum Fuchs die gleiche bleibt und die spezifische Wärme ebenfalls durch einen mittleren Wert ausgedrückt wird. Praktisch läßt sich ein absolut dichtes Mauerwerk nicht herstellen, und wir müssen, um die Theorie mit der Praxis in Einklang zu bringen, diesem Umstand schon in unseren Gleichungen Rechnung tragen. Die Temperaturen müssen zu diesem Zwecke mit dem Wasserwert der Rauchgase an der betreffenden Stelle multipliziert werden. Die Kohlenmenge wird sich hierbei herausheben, und wir haben bei jeder Temperatur nur noch den Faktor $\sum(m_i M_i c p_i)$, der sich von Stelle zu Stelle ändert. Die Veränderlichkeit wird also in der Hauptsache bestimmt durch

das Eindringen falscher Luft und durch
die spezifische Wärme.

Führen wir zur Abkürzung für $\sum(m_i M_i c p_i)$ nur das Summenzeichen mit dem betreffenden, für die Stelle gültigen Index ein, so erhalten wir

$$\tau = \frac{\Sigma_1 \cdot t_1 - \Sigma_2 \cdot t_2}{\Sigma_1 \cdot t_1 - \Sigma_a \cdot t_a}. \tag{80}$$

Es läßt sich auf dieselbe Weise ein thermischer Wirkungsgrad des Kessels aufstellen, und es ist dies auch notwendig, da unsere bisherigen Betrachtungen den Luft- und Speisewasservorwärmer lediglich nur als Abwärmeapparate gewertet haben. Der Einfluß auf den Kesselwirkungsgrad wurde nicht beachtet.

Wir bezeichnen daher den Wasserwert der Rauchgase für 1 kg Kohle mit

Σ_F = in der Feuerung,
Σ_1 = vor dem Luft- bzw. Speisewasservorwärmer,
Σ_2 = hinter dem Luft- bzw. Speisewasservorwärmer,
Σ_a = beim Verlassen der Kesselanlage, wobei die Temperatur gleich der des Kesselhauses gesetzt wird.

Entsprechend wählen wir die Temperaturen der Rauchgase mit

t_F = in der Feuerung (Verbrennungstemperatur),
t_1 = vor dem Luft- bzw. Speisewasservorwärmer,
t_2 = hinter dem Luft- bzw. Speisewasservorwärmer,
t_a = Außentemperatur,

wobei hervorgehoben werden soll, daß t_F die theoretische Verbrennungstemperatur ist, und wir erhalten für den thermischen Wirkungsgrad des Kessels einschließlich Dampfüberhitzer

$$\tau_k = \frac{\Sigma_F \cdot t_F - \Sigma_1 \cdot t_1}{\Sigma_F \cdot t_F - \Sigma_a \cdot t_a}. \tag{81}$$

Der Rest

$$\frac{\Sigma_1 \cdot t_1 - \Sigma_a \cdot t_a}{\Sigma_F \cdot t_F - \Sigma_a \cdot t_a}$$

steht dann für die Ausnutzung durch Luft- oder Speisewasservorwärmer zur Verfügung. Den Feuerungswirkungsgrad und den Verlust durch Strahlung setzen wir mit η_S und η_F in die Rechnung ein (s. Kapitel: Der Wirkungsgrad des Vorwärmers). Wir erhalten schließlich:

$$100 \cdot \left(\tau_K + \tau_{E \text{ bzw. } H} \cdot \frac{\Sigma_1 \cdot t_1 - \Sigma_a \cdot t_a}{\Sigma_F \cdot t_F - \Sigma_a \cdot t_a}\right) = \frac{\eta_g}{\eta_S \cdot \eta_F}. \tag{82}$$

Bedeuten ferner die Abgasverluste in Prozent des Heizwertes

V_1 = vor dem Vorwärmer,
V_2 = hinter dem Vorwärmer

und

$$\Delta V = V_1 - V_2,$$

so geht die Gleichung (82) über in

$$100 \cdot \tau_K + \tau_{E \text{ bzw. } H} \cdot V_1 = \frac{\eta_g}{\eta_S \cdot \eta_F} \tag{83}$$

oder

$$100 \cdot \tau_K + \Delta V = \frac{\eta_g}{\eta_S \cdot \eta_F}, \tag{84}$$

wobei noch die Beziehung besteht

$$\frac{\Delta V}{V_1} = \tau_{E \text{ bzw. } H} \,. \tag{85}$$

Die rechnerische Verfolgung der Einflüsse des Luft- und Speisewasservorwärmers auf den thermischen Wirkungsgrad des Kessels ist sehr schwierig und kann nur auf Grund systematischer, praktischer Versuche geschehen. Die Versuche müßten so veranstaltet werden, daß ein Kessel, der innerhalb weiter Grenzen belastet werden kann und der möglichst einfach konstruiert ist, mit einer Feuerung versehen wird, die entsprechend der Belastung leicht regulierbar ist (Kohlenstaubfeuerung). Die hinter dem Kessel angebauten Luft- und Speisewasservorwärmer müssen, jeder für sich, aus dem Gasstrom ausgeschaltet werden können und die Heizfläche derselben derart gleichmäßig unterteilt sein, daß verschiedene Luft- und Wasseraufwärmungen möglich sind. Es wäre so möglich, viele Meinungsverschiedenheiten bezüglich der Vor- und Nachteile beider zu beseitigen und für die Berechnung Unterlagen zu beschaffen.

Der Einfluß des Luftvorwärmers erstreckt sich hauptsächlich auf die Erhöhung der Verbrennungstemperatur und — was meist nicht genügend hervorgehoben wird — der Temperatur hinter dem Kessel. Auch beeinflußt der Luftvorwärmer die Werte η_S und η_F.

Der Speisewasservorwärmer hat ebenfalls Einfluß auf die Temperatur hinter dem Kessel, jedoch scheinbar in geringerem Ausmaße. Der Anteil des Speisewasservorwärmers am Gesamtwirkungsgrad ist höher als derjenige des Luftvorwärmers, weil seine Wirkungsweise unmittelbar und die des Luftvorwärmers mittelbar vor sich geht. Es darf jedoch nicht außer acht gelassen werden, daß der Luftvorwärmer die Wirkungsgradkurve abhängig von der Belastung flacher gestaltet und somit die Kesselanlage für schwankende Belastung geeigneter macht. Die Versuche werden die an beide Vorwärmerarten geknüpften Erwartungen bestätigen, daß sich beide gegenseitig nicht ausschließen, sondern ihre Verwendung nebeneinander möglich, zuweilen sogar notwendig sein wird.

3. Vorwärmer und Kesselbelastung.

α) Allgemeines.

Der Wirkungsweise des Speisewasservorwärmers im Verein mit dem Kessel hat man bisher nicht diejenige Beachtung geschenkt, als ihr ihrer Wichtigkeit nach gebührt. Es sollen deshalb diese Verhältnisse einer ausführlichen Untersuchung unterzogen werden.

Die bisherigen Berechnungen haben ergeben, daß der Vorwärmer eine Verbesserung des Wirkungsgrades eines Dampfkessels mit sich bringt. Der Betrag

$$\eta_g - \eta_k = \eta_E \cdot \Delta V,$$

der bisher von uns rechnerisch bestimmt werden konnte, ist an sich noch nicht die tatsächliche Verbesserung des Wirkungsgrades. Es gibt Fälle, in denen die wirkliche Verbesserung um einen Betrag x größer oder kleiner oder gleich diesem Betrage sein kann. Diese Größe x kann rechnerisch nicht festgestellt werden.

Als Kennlinie für einen Dampfkessel besteht die bekannte Darstellung des Wirkungsgrades als Funktion von der sog. Belastung in kg Dampf pro qm Kesselheizfläche. Bei Dampfkesseluntersuchungen wird gewöhnlich diese Kennlinie nur bei eingeschaltetem Vorwärmer vorgenommen, weil meist nur die Gesamtwirkung beider interessiert. Es liegt aber nahe, daß der Vorwärmer auf den Dampfkessel einen nicht zu übersehenden Einfluß ausübt, der nur dadurch bestimmt werden kann, daß der Kessel einmal vollständig bei den verschiedenen Belastungen mit eingeschaltetem Vorwärmer und das andere Mal mit ausgeschaltetem Vorwärmer untersucht und die Abhängigkeit des Wirkungsgrades von der Belastung festgestellt wird. Bei der Untersuchung mit eingeschaltetem Vorwärmer kann man noch den Anteil des Vorwärmers am Gesamtwirkungsgrad abtrennen und so eine weitere Kennlinie für Kessel ohne Vorwärmer bestimmen, die sich aber wesentlich von der anderen unterscheidet und die zunächst nicht mit in den Kreis der Betrachtungen einbezogen werden soll.

Die verschiedenen Kennlinien sind in ihrer Form einander ähnlich. Sie haben sämtlich einen aufsteigenden und einen absteigenden Ast, die mehr oder weniger steil verlaufen. Je flacher die Wirkungsgradkennlinie verläuft, um so besser ist die Anlage geeignet für einen Betrieb mit stark wechselnder Belastung. Trägt man nun die beiden Kennlinien mit ein- und ausgeschaltetem Vorwärmer in dieselbe Figur ein, so ist zunächst zu bemerken, daß die Wirkungsweise des Vorwärmers außer einer Verbesserung des Wirkungsgrades eine gegenseitige Verschiebung in Richtung der Belastung mit sich bringt, daß also durch einen Speisewasservorwärmer die Belastung gesteigert werden kann. Die normale, notwendige Belastung liegt am besten dort, wo das Maximum in der Kennlinie vorhanden ist.

Die Belastung pro qm Kesselheizfläche $= l$ entspricht nur dann der wirklichen Wärmebelastung der Kesselheizfläche, wenn kein Speisewasservorwärmer vorhanden ist. In diesem Falle wird die pro kg Dampf zu überführende Wärmemenge vom Dampfkessel geleistet. Der Dampfkessel ist hierbei zugleich Speisewasservorwärmer und Verdampfer. Bei einer modernen Anlage mit Überhitzer und Speisewasservorwärmer wird jedoch, wenn die Belastung wie allgemein üblich auch auf die Dampfkesselheizfläche bezogen wird, die Belastung l kein Maß mehr für die Wärmebelastung des Kessels. Bedeuten nun

l_K = die Belastung des Kessels ohne Vorwärmer,
l_E = die Belastung des Kessels nach der Entlastung durch Vorwärmer,
l'_E = die Belastung des Kessels nach Steigerung durch Vorwärmer

$$\Delta l = l_K - l_E ,$$
$$\Delta l' = l'_E - l_K$$

und der Anteil an der gesamten Erzeugungswärme $= E$

$E_K =$ für den Kessel,
$E_Ü =$ für den Überhitzer,
$E_E =$ für den Vorwärmer,

so wird die Entlastung des Kessels, wenn der Vorwärmer hierzu benötigt wird,

$$\Delta l = l_K \cdot \frac{E_E}{E_K + E_E}. \tag{86}$$

Zahlenbeispiel.

$$E_E = 100 \text{ kcal},$$
$$E_K + E_E = 620 \text{ kcal},$$
$$l_K = 31{,}2 \text{ kg/qm},$$
$$\Delta l = 31{,}2 \cdot \frac{100}{620} = 5{,}0 \text{ kg/qm}.$$

Die Wärmebelastung beträgt nach Einbau des Vorwärmers

$$31{,}2 - 5 = 26{,}2 \text{ kg/qm}.$$

Soll jedoch durch den Vorwärmer eine höhere Belastung erreicht werden, so gilt die Gleichung

$$\Delta l' = l_K \cdot \frac{E_E}{E_K}. \tag{87}$$

Zahlenbeispiel. Mit den Werten von oben erhalten wir

$$\Delta l' = 31{,}2 \cdot \frac{100}{520} = 6 \text{ kg/qm}$$

und l'_E wird

$$31{,}2 + 6 = 37{,}2 \text{ kg/qm}.$$

Die Maxima der beiden Kennlinien sind nun um den Betrag $\eta_E \cdot \Delta V$ in Richtung der Ordinate und um den Betrag Δl in Richtung der Abszisse zueinander verschoben. Wir stellen uns nun die Aufgabe, zu untersuchen, um wieviel sich die Ordinaten, also die Wirkungsgrade, unterscheiden, wenn wir gleiche Wärmebelastungen für den Kessel voraussetzen. Es sind hierbei drei besonders markante Fälle zu unterscheiden, und zwar:

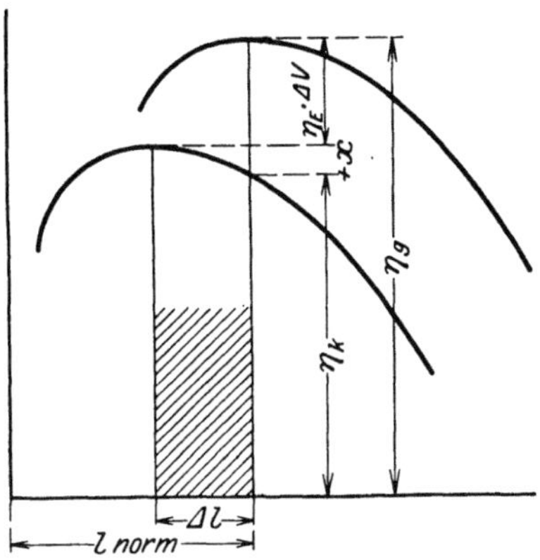

Abb. 102.

Fall 1. Abb. 102. Dieser Fall ist zugleich der wichtigste. Wir gehen von dem höchsten Wirkungsgrade η_g aus um Δl nach links und kommen so wieder zu dem besten Wirkungsgrad η_k. Der derselben Wärmebelastung entsprechende Wirkungsgrad des Kessels ohne Economiser befindet sich aber auf dem absteigenden Ast und ist um den Wert $+x$ kleiner. Der Kessel ohne Economiser würde also bei der Belastung l_g stark überlastet laufen und der Gewinn durch den Vorwärmer um den Betrag $+x$ größer sein als der rechnungsmäßige. Der Fall 1 bildet somit die beste Art der Anwendung eines Vorwärmers.

Fall 2. Abb. 103. Es läßt sich ein Fall denken, bei dem man eine Belastung l_g hat mit einem entsprechenden Wert η_g, die vor dem Maximum liegt und der Wert η_k der entsprechenden Wärmebelastung um $\Delta l/_2$ überlastet ist. Es wird hierbei aber ein kleiner Betrag $+x$ durch einen ungefähr gleichen Betrag $-x$ ausgeglichen, und wir haben hierbei nur eine Verbesserung des Wirkungsgrades um den rechnungsmäßigen Betrag. Es ist zugleich der Grenzfall für die Anwendung von Vorwärmern. Unterhalb der Belastung l_g sollte die Anlage im Dauerbetrieb nicht gefahren werden.

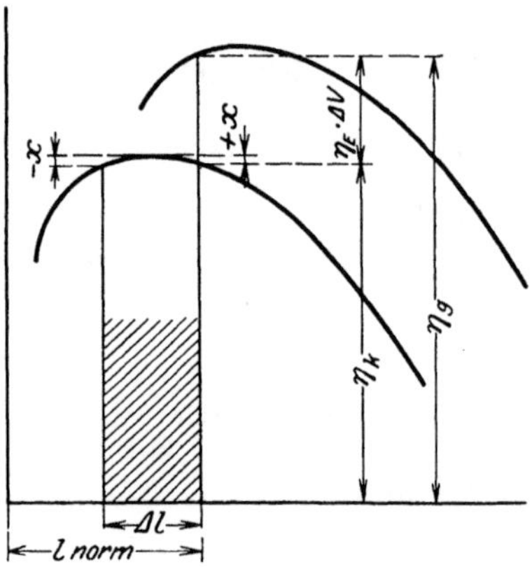

Abb. 103.

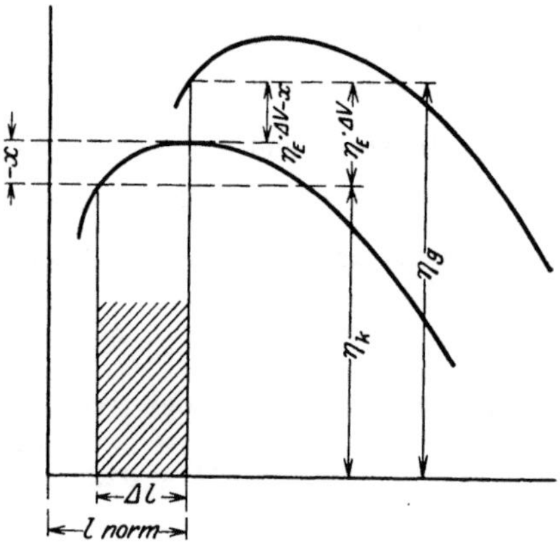

Abb. 104.

Fall 3. Abb. 104. Dieser Fall sollte im Betrieb möglichst vermieden werden, da er zu der rechnungsmäßigen Verbesserung eine Verminderung $-x$ mit sich bringt, obwohl der Wert η_k der entsprechenden Wärmebelastung l_g das Maximum darstellt. Die Anlage läuft mit Economiser sehr schwach belastet.

Durch diese rein qualitativen Betrachtungen können wir erkennen, daß ein ganz bestimmter Kesseltyp durch einen Vorwärmer überlastet werden kann, ohne dabei mit einem schlechten Wirkungsgrade fahren zu müssen. Oberhalb der Grenze des Falles 1 wird zwar außer dem rechnungsmäßigen Betrag ein Wert $+x$ außerdem gewonnen, aber der Gesamtwirkungsgrad liegt schon wieder unterhalb des Maximums. Hierfür besteht in der Praxis eine Anwendungsmöglichkeit dort, wo der Brennstoff sehr billig zu haben ist und man nicht gerade auf den besten Wirkungsgrad angewiesen ist.

β) Entlastung eines stark belasteten Kessels durch einen Rauchgasvorwärmer.

Der Kessel hat im allgemeinen die Aufgabe, das zur Verfügung stehende Wasser

1. auf Sättigungstemperatur vorzuwärmen,
2. die Verdampfungswärme überzuführen.

Je höher daher das Speisewasser vorgewärmt wird, desto mehr wird der Kessel durch den Vorwärmer entlastet. In gewissen Fällen ist diese Entlastung sehr wichtig, weil dadurch nicht nur der Kessel entlastet, sondern auch der Wirkungsgrad wesentlich verbessert wird. Ein Beispiel hierfür ist am besten geeignet, diesen Sachverhalt klarzustellen.

Aufgabe. Eine Kesselanlage besteht aus einem Zweiflammrohrkessel zu 125 qm Heizfläche. Die benötigte stündliche Dampfmenge beträgt 3900 kg. Der Dampf hat einen Druck von 14 atü und 300° Überhitzung. Die Belastung ist demnach

$$\frac{3900}{125} = 31{,}2 \text{ kg/qm}.$$

Der Wärmeinhalt des

Heißdampfes	724 kcal
Sattdampfes	665 kcal
somit Überhitzung	59 kcal

Die Erzeugungswärme beträgt

Heißdampf	724 — 45 = 679 kcal
Sattdampf	665 — 45 = 620 kcal

Gemessen wurde eine Abgastemperatur von 400° und 12% Kohlensäure an der Stelle, an der ein Vorwärmer eingebaut werden soll. Verbrannt werden Holzabfälle und Maschinenpreßtorf mit einem Heizwert von 2500 kcal/kg Brennstoff und ca. 40% Wassergehalt. Den Wirkungsgrad schätzen wir zu

Abgasverlust $= 0{,}78 \cdot \frac{400 - 20}{12}$	= 24,7%	
Unverbranntes	3,0%	
Strahlungsverlust	9,3%	
insgesamt	37,0%	Verluste
Wirkungsgrad des Kessels	= 63,0%	

Die Belastung ist für einen Flammrohrkessel sehr hoch und soll durch einen Rauchgasvorwärmer so weit wie möglich herabgemindert werden. Wird nun beispielsweise das Speisewasser von 45 auf 145° vorgewärmt, so wird nunmehr die Belastung herabgesetzt auf

$$\frac{620 - 100}{620} \cdot 31{,}2 = 26{,}2 \text{ kg/qm (siehe auf Seite 109).}$$

Da die Rauchgastemperatur sinkt, wenn die Belastung sinkt, so haben wir eine geringere Rauchgastemperatur am Eintritt in den Vorwärmer anzusetzen. Diese wird schätzungsweise 350° betragen. Der Wirkungsgrad verbessert sich dann um

$$\frac{50}{12} \cdot 0{,}78 = 3{,}25\%,$$

und der Vorwärmer entzieht in diesem Falle den Rauchgasen

$$\frac{100 \cdot 66{,}25}{0{,}9 \cdot (679 - 100)} = 12{,}7\% \text{ (siehe Gleichung 43),}$$

und die Rauchgasabkühlung wird

$$\frac{12{,}7 \cdot 12}{0{,}78} = 195^\circ,$$

Temperatur hinter dem Vorwärmer

$$350 - 195 = 155^\circ.$$

Die Vorwärmerheizfläche berechnet sich zu

$$\frac{3900 \cdot 100}{\left(\frac{350 + 155}{2} - \frac{45 + 145}{2}\right) \cdot 9} = \frac{390000}{1418} = 275 \text{ qm}.$$

Wir erreichen eine Wirkungsgraderhöhung

1. durch Entlastung und
2. durch Abgasausnützung (Speisewasservorwärmung). Der Wirkungsgrad wird

$$63 + 3{,}25 + 0{,}9 \cdot 12{,}7 = 63 + 3{,}25 + 11{,}45$$
$$= 77{,}7\,\%.$$

Diese Entlastung durch Vorwärmer wird man dort vornehmen, wo der Kessel über seinen besten Wirkungsgrad arbeitet und wo es darauf ankommt, mit einem guten Wirkungsgrad zu arbeiten (hochwertige, teure Kohle).

γ) Erhöhte Dampfleistung durch den Einbau eines Vorwärmers.

Die bisherigen Betrachtungen hatten zur Voraussetzung und zur Bedingung, daß durch den Einbau eines Vorwärmers Kohle gespart werden sollte, und es wurde immer mit der verringerten Kohlenmenge gerechnet. Was geschieht nun aber, wenn auf dem Rost dieselbe Kohlenmenge verbrannt wird wie beim Kessel ohne Rauchgasvorwärmer?

Wir bezeichnen mit

K_k = die konstant bleibende Kohlenmenge in kg/std,
L_k = bisherige Dampfmenge in kg/std,
L_g' = gesteigerte Dampfmenge in kg/std,
$\Delta w'$ = die Wasseraufwärmung bei gesteigertem Betrieb,
$\Delta t'$ = die Gasabkühlung bei gesteigertem Betrieb,
η_k = der Wirkungsgrad ohne Vorwärmer,
η_g' = der Wirkungsgrad mit Vorwärmer.

Die Bedingung für eine aufzustellende Beziehung ist, daß die Kohlenmenge K_k die gleiche bleiben soll. Wir erhalten daher zunächst

$$\frac{L_g \cdot E}{h_u \cdot \eta_k} = K_k,$$

$$\frac{L_g' \cdot E}{h_u \cdot \eta_g'} = K_k,$$

und hieraus

$$\frac{L_g'}{L_k} = \frac{\eta_g'}{\eta_k}. \tag{88}$$

Die zunächst zu bestimmende Größe ist die Wasseraufwärmung $\Delta w'$. Sie bestimmt die Höhe des Wertes η_g' und damit auch die Größe L_g' nach Gleichung (88). Weiter ist zu beachten, daß durch die höhere Belastung die Temperatur t_1 die gleiche ist, weil ja dieselbe Kohlenmenge verbrannt wird und die Mehrleistung von dem Vorwärmer übernommen wird. Den Vorgang kann man sich in zwei Teile zerlegt denken:

1. in eine Entlastung des Kessels durch Übernahme eines Teiles der Erzeugungswärme von seiten des Vorwärmers und
2. eine Wiederbelastung der Kesselheizfläche durch Leistungssteigerung.

Durch den ersten Teil fällt die Abgastemperatur und durch den zweiten steigt sie wieder auf die anfängliche Höhe, wenn die Ent- und Wiederbelastung sich entsprechen. Für die Berechnung des Vorwärmers mit und ohne Leistungssteigerung sind also zwei verschieden hohe Gastemperaturen am Eintritt notwendig. Der Gang der Berechnung ist nun der, daß zuerst der Economiser für Wirkungsgradverbesserung berechnet wird und dann die Rechnung für die Leistungssteigerung durchgeführt wird. Für diese ist dann die Heizfläche und die Wärmedurchgangszahl gegeben und im Anschluß daran kann dann $\Delta w'$ berechnet werden mittels der Gleichung

$$\frac{2(t_1 - w_1)}{\frac{L_g \cdot 2}{F \cdot k} \cdot \frac{E}{E - \Delta w'} + \frac{\Delta t}{\Delta w'} \cdot \frac{E}{E - \Delta w'} + 1} = \Delta w'. \tag{89}$$

Löst man diese Gleichung nach der Unbekannten $\Delta w'$ auf, so erhält man eine quadratische Gleichung. Es ist jedoch besser, die Gleichung in obiger Form zu verwenden, da man durch Probieren schneller zum Ziele kommt.

Zahlenbeispiel. Wir setzen das im vorigen Abschnitt begonnene Beispiel fort und erhalten

Wasseraufwärmung $\Delta w'$

$$\frac{2(400 - 45)}{\frac{3900 \cdot 2}{9 \cdot 275} \cdot \frac{679}{679 - 107} + \frac{12 \cdot 63}{0{,}9 \cdot 0{,}78 \cdot 679} \cdot \frac{679}{679 - 107} + 1} = \frac{710}{3{,}739 + 1{,}884 + 1} = 107^\circ.$$

Gastemperatur nach Vorwärmer

$$400 - 1{,}884 \cdot 107 = 199^\circ,$$

Dampfmenge

$$\frac{3900 \cdot 679}{679 - 107} = 4630 \text{ kg/st},$$

Wirkungsgrad

$$\frac{63 \cdot 679}{679 - 107} = 74{,}8\,\%,$$

Heizfläche (Nachrechnung)

$$\frac{4630 \cdot 107}{\left(\frac{400 + 199}{2} - \frac{45 + 152}{2}\right) \cdot 9} = \frac{495410}{1809} = 274 \text{ qm},$$

Brennstoffmenge (Nachrechnung)

$$\text{ohne Vorwärmer } \frac{3900 \cdot 679}{0{,}63 \cdot 2400} = 1751 \text{ kg},$$

$$\text{mit Vorwärmer } \frac{4630 \cdot 679}{0{,}748 \cdot 2400} = 1751 \text{ kg}.$$

Belastung des Kessels

$$\frac{4630}{125} = 37 \text{ kg (siehe Seite 109).}$$

δ) Abnormale Wassermenge.

Wird das im Vorwärmer zu erwärmende Wasser nicht als Speisewasser verwendet, sondern dient es zu anderen Zwecken, so wird die Wassermenge abnormal, und die zur Berechnung benötigten Gleichungen erfahren eine Änderung. Wenn das zu erwärmende Wasser nicht dem Kessel zugeführt wird, so hat der Einbau eines Vorwärmers auch keinen Einfluß auf die Natur der im Kessel entstehenden Rauchgase, was bei der Aufstellung von Berechnungsformeln zu beachten ist. Es können nun zwei typische Fälle auftreten; d. h. der Vorwärmer ist zu berechnen für

1. Speisewasser und solches für fremde Zwecke, und
2. nur für Wasser zu anderen Zwecken.

Wir beginnen zunächst mit dem zweiten Fall und führen hierzu ein

L_k = die in der Stunde verspeiste Speisewassermenge in kg,
L_f = die in der Stunde zu erwärmende Fremdwassermenge in kg,
K_k = die in der Stunde im Kessel verbrannte Kohlenmenge in kg,
η_k = der Wirkungsgrad des Kessels,
$\Delta w''$ = die Aufwärmung der Fremdwassermenge,
$\Delta t''$ = die Abkühlung der Rauchgase des Kessels durch die Fremdwassermenge,
$\Delta V''$ = den hierfür notwendigen Wärmeentzug in %.

Unsere Umsetzungsgleichung wird dann

$$L_f \cdot \Delta w'' = \eta_E \cdot \eta_F \cdot K_k \cdot \sum (m_i M_i c p_i) \cdot \Delta t'',$$

wobei

$$K_k = \frac{L_k \cdot E}{h_u \cdot \eta_k} \cdot 100$$

ist. Mit der üblichen Bezeichnungsweise erhalten wir

Wasseraufwärmung

$$\Delta w'' = \frac{L_k}{L_f} \cdot \frac{\eta_E \cdot E \cdot \Delta V''}{\eta_k}, \tag{90}$$

Wärmeentzug

$$\Delta V'' = \frac{L_f}{L_k} \cdot \frac{\eta_k \cdot \Delta w''}{\eta_E \cdot E}, \tag{91}$$

spezifische Gasabkühlung

$$m = \frac{\Delta t''}{\Delta w''} = \frac{L_f}{L_k} \cdot \frac{k_E \cdot \eta_k}{\eta_E \cdot v \cdot E}, \tag{92}$$

Wärmegewinn

$$= \eta_E \cdot \Delta V'',$$

Kohlenersparnis

$$= 100 \cdot \frac{L_f \cdot \Delta w''}{L_k \cdot E + L_f \cdot \Delta w''}. \tag{93}$$

Die Kohlenersparnis ist aber noch wesentlich größer, wenn man bedenkt, daß ein Apparat zur Erzeugung von Warmwasser noch einen viel kleineren Wirkungsgrad als η_k aufweisen kann. Man erhält daher eine zusätzliche Kohlenersparnis, wenn η_f = der Wirkungsgrad des Warmwasserapparates ist

$$\frac{\eta_k - \eta_f}{\eta_k}. \tag{94}$$

Zahlenbeispiel. $L_k = 21000$ kg

$L_f = 7000$ „

$\eta_k = 75\%$, also

Abgasverlust $= 100 - 75 - 5 - 2,5 = 17,5\%$

und die Temperatur hinter Kessel

$$t_1 = \frac{17,5 \cdot 12}{0,678} = 310°,$$

$$E = 724 \text{ kcal},$$

$$h_u = 7000 \text{ kcal, also}$$

$$K_k = \frac{21000 \cdot 724}{7000 \cdot 0,75} = 2896 \text{ kg},$$

$$\eta_E = 0,9,$$

$$\varDelta w'' = 50°.$$

Wärmeentzug

$$\varDelta V'' = \frac{7000}{21000} \cdot \frac{75 \cdot 50}{0,9 \cdot 724} = 1,92\%.$$

Gasabkühlung

$$\varDelta t'' = \frac{1,92 \cdot 12}{0,678} = 34°,$$

$$t_2 = 310 - 34 = 276°.$$

Sollen entsprechend dem ersten Fall zwei Vorwärmer zur Aufstellung kommen, wovon der eine das Speisewasser um $\varDelta w$ vorwärmen und der andere Gebrauchswasser vorwärmen soll, so ist zunächst die normale Rechnung für den Speisewasservorwärmer durchzuführen und dann erst der andere zu berechnen, ganz gleich in welcher Reihenfolge die beiden Vorwärmer in den Rauchgasstrom eingeschaltet werden sollen. Letzteres hat nur Einfluß auf die Anwendung der Heizflächenformel, da die mittleren Temperaturdifferenzen dann verschieden ausfallen.

Zahlenbeispiel. $\varDelta w = 70°,$

$$\varDelta V = \frac{75 \cdot 70}{0,9 \cdot (724 - 70)} = 8,92\%,$$

$$\varDelta t = \frac{8,92 \cdot 12}{0,78} = 138.$$

Der Wirkungsgrad wird durch den Speisewasservorwärmer erhöht auf

$$75 + 0,9 \cdot 8,92 = 83,03\%.$$

Mit diesem Wirkungsgrad ist nun die Gasabkühlung durch den Gebrauchswasservorwärmer zu bestimmen.

$$\varDelta V'' = \frac{7000}{21000} \cdot \frac{83,03 \cdot 50}{0,9 \cdot 724} = 2,12\%,$$

$$\varDelta t'' = \frac{2,12 \cdot 12}{0,678} = 37,6 = \text{rund } 38°.$$

Die Gastemperatur hinter den beiden Vorwärmern wird nunmehr

$$t_2 = 310 - 138 - 38 = 134°.$$

e) Die Zugverhältnisse.

1. Allgemeines.

Ebenso wichtig wie die wärmetechnische Berechnung ist die Bestimmung und Berechnung der Zugstärken. Denn durch den Einbau der Vorwärmer erfahren die Zugverhältnisse eine einschneidende Änderung. Guter Zug ist wiederum das Element bei der ganzen Dampfkesselanlage, wovon die Leistung abhängig ist. Wir wollen aus diesem Grunde uns eingehender damit beschäftigen.

Der notwendige Zug kann natürlich, d. h. durch den Auftrieb der heißen Gase erfolgen oder künstlich durch eine Saugzuganlage bewirkt werden. Die Zugstärke eines Schornsteins ist gegeben durch die Gleichung

$$Z = h \cdot (\gamma_a - \gamma_m)\,, \tag{95}$$

und es bedeuten

Z = Zugstärke in mm Wassersäule,
h = Schornsteinhöhe in m,
γ_a = Einheitsgewicht eines cbm Außenluft bei der Temperatur t_a,
γ_m = Einheitsgewicht der sich im Schornstein befindlichen Gassäule in cbm bei der Temperatur t_m.

Führen wir die Einheitsgewichte bei 0/760 ein, so wird

$$Z = 273 \cdot h \cdot \left(\frac{\gamma_{\text{Luft}}}{273 + t_a} - \frac{\gamma_{\text{Gas}}}{273 + t_m}\right), \tag{96}$$

t_m = mittlere Temperatur im Schornstein,
t_a = mittlere Temperatur der der Schornsteinhöhe entsprechenden Luftsäule.

γ_{Gas} ist abhängig von der Zusammensetzung der Rauchgase. Eine besondere Rolle spielt hierbei der Wasserdampfgehalt der zur Verbrennung gelangenden Kohle. Der verschiedene Kohlensäuregehalt hat weniger Einfluß. Die nachfolgenden Nomogramme enthalten die Zugstärken, abhängig von der mittleren Gastemperatur im Schornstein und von der Schornsteinhöhe. Der Berechnung wurde ein mittlerer CO_2-Gehalt von 12% und eine Außenlufttemperatur von 20° zugrunde gelegt.

Die so bestimmte Zugstärke ist ein Unterdruck, der durch den Auftrieb der im Schornstein befindlichen Gassäule hervorgerufen wird und bewirkt, daß die auf dem Rost entstehenden Gasmengen forttransportiert werden und sich immer wieder neue Gasmengen bilden können. Gewöhnlich werden die Schornsteine so dimensioniert, daß noch eine gewisse Zugreserve vorhanden ist. Dies ist ganz besonders deshalb nötig, weil die Außentemperatur t_a verschieden sein kann (Sommer und Winter) und auch die Kessel verschieden belastet werden können. Ein Zuviel an Zug wird durch einen Rauchgasschieber vernichtet. Das Hindurchziehen der Rauchgase durch die Züge der Kesselanlage gleicht einer strömenden Flüssigkeitsmenge in einer Rohrleitung. Nur sind die Verhältnisse noch erheblich verwickelter, weil bei dem Hindurchziehen durch die Anlage wesentliche Temperaturänderungen vorkommen. Der beim Strömen durch eine Rohrleitung entstehende Druckverlust ist hier gleichbedeutend mit Zugverlust, dessen Bestimmung eine unserer Hauptaufgaben sein wird. Denn es ist klar, daß bei einer vorhandenen Kesselanlage durch den Einbau eines Vorwärmers die

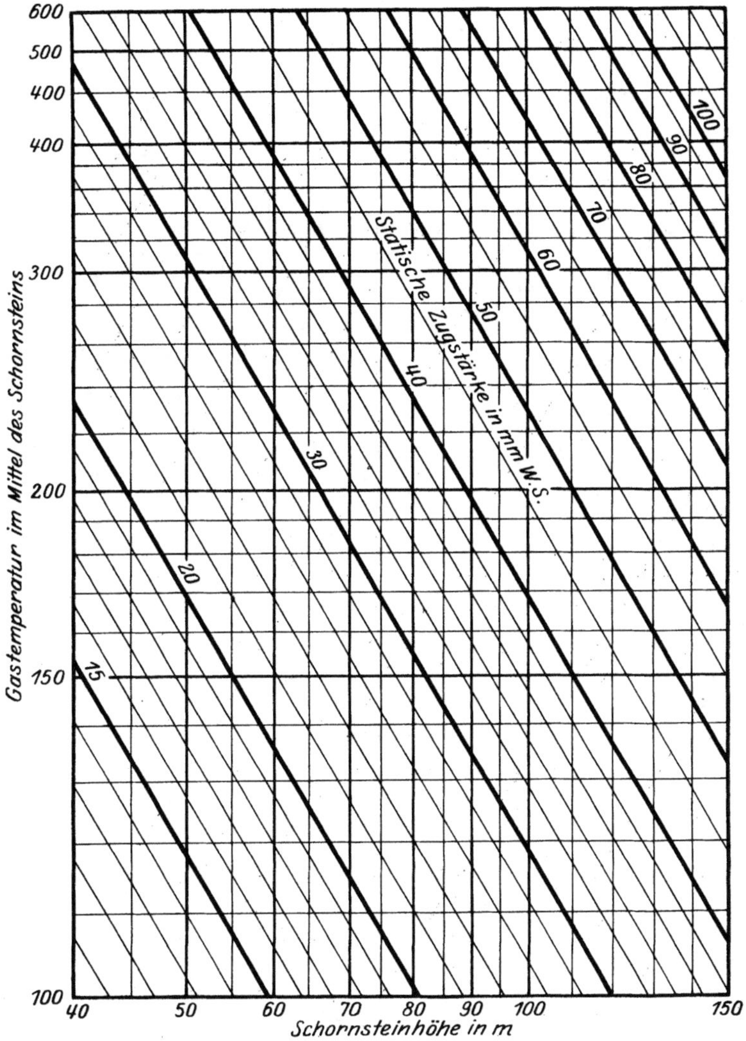

Abb. 105. Zugstärke von Schornsteinen (Mittelwerte).

Zugverhältnisse derart verschlechtert werden können, daß ein ordentlicher Betrieb nicht mehr möglich ist. Deshalb ist es in solchen Fällen in erster Linie notwendig, genaue Zugmessungen vorzunehmen, damit man vor Schaden bewahrt wird. Der Zug wird durch einen Vorwärmer herabgesetzt durch

1. den zusätzlichen Reibungsverlust und durch
2. die Herabminderung der Temperatur t_m im Schornstein.

Die Temperatur im Schornstein ist meist nicht bekannt und kann auch nicht gemessen werden, und man ist deshalb auf Schätzungen angewiesen. Gegenüber der Temperatur am Fuße des Schornsteins ist die Temperatur am Austritt geringer, da sich die Rauchgase im Schornstein abkühlen. Siehe hierüber des Verfassers Aufsatz in „Die Wärme“, Jg. 50,

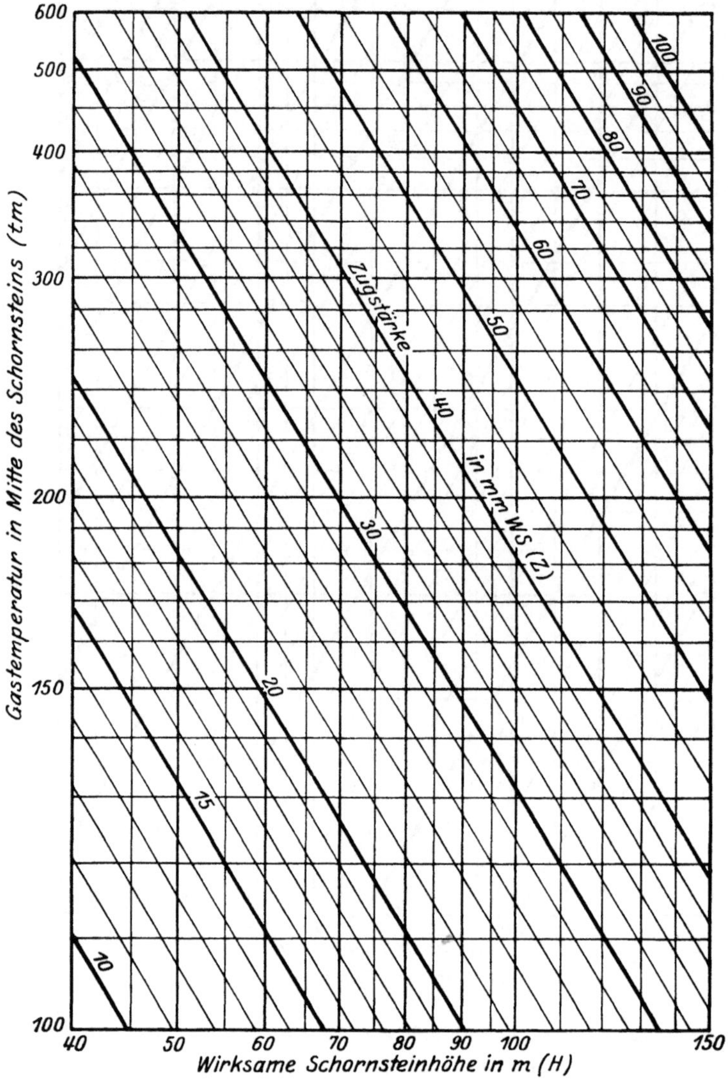

Abb. 106. Zugstärke von Schornsteinen bei Verbrennung von Steinkohlen (20° Außentemperatur).

Formel: $Z = 273 \cdot H \cdot \left(\frac{1,293}{293} - \frac{1,341}{273 + t_m}\right)$.

S. 883, in dem die Formel für die Abschätzung der Austrittstemperatur entwickelt ist. Sie lautet

$$t_2 = \frac{t_1\left(\frac{2cp \cdot G}{O \cdot k} - 1\right) + 2 \cdot t_a}{1 + \frac{2 \cdot cp \cdot G}{O \cdot k}}, \tag{97}$$

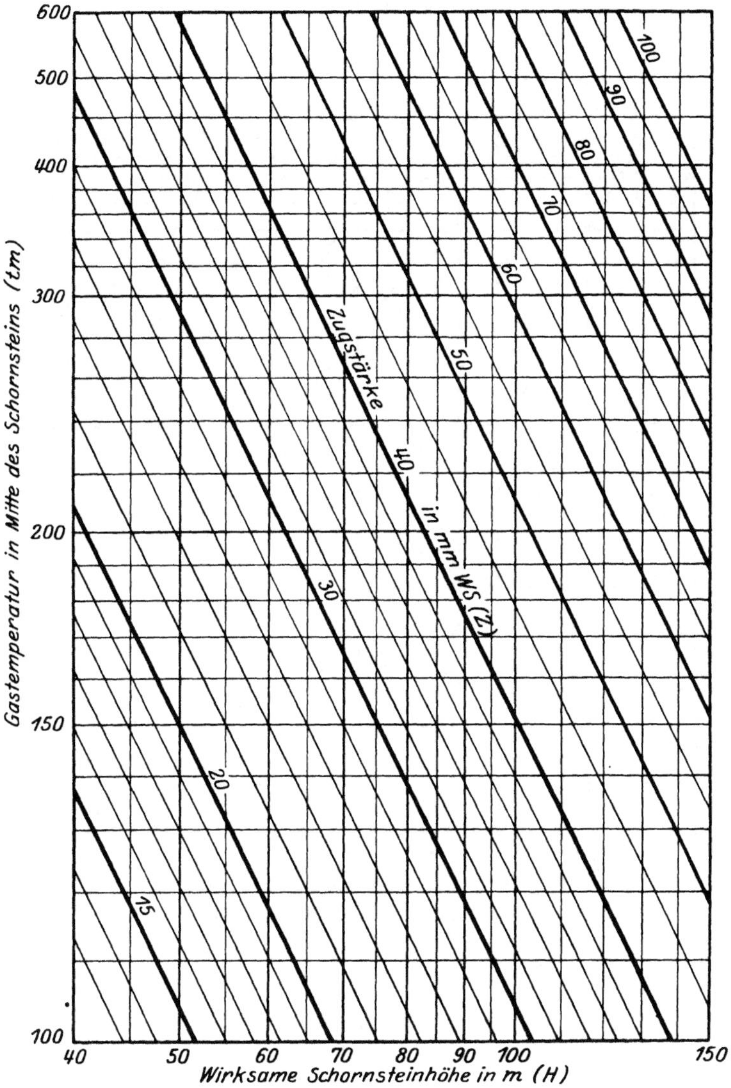

Abb. 107. Zugstärke von Schornsteinen bei der Verbrennung von Rheinischen Rohbraunkohlen (20° Außentemperatur).

Formel: $Z = 273 \cdot H \cdot \left(\frac{1,293}{293} - \frac{1.246}{273 + t_m}\right)$.

und es bedeuten

t_1 = Temperatur am Eintritt in den Schornstein,
t_2 = Temperatur am Austritt aus dem Schornstein,
cp = spezifische Wärme für 1 kg Rauchgas,
G = stündliche Rauchgasmenge in kg,
O = mittlere Mantelfläche des Schornsteins,
k = Wärmedurchgangszahl.

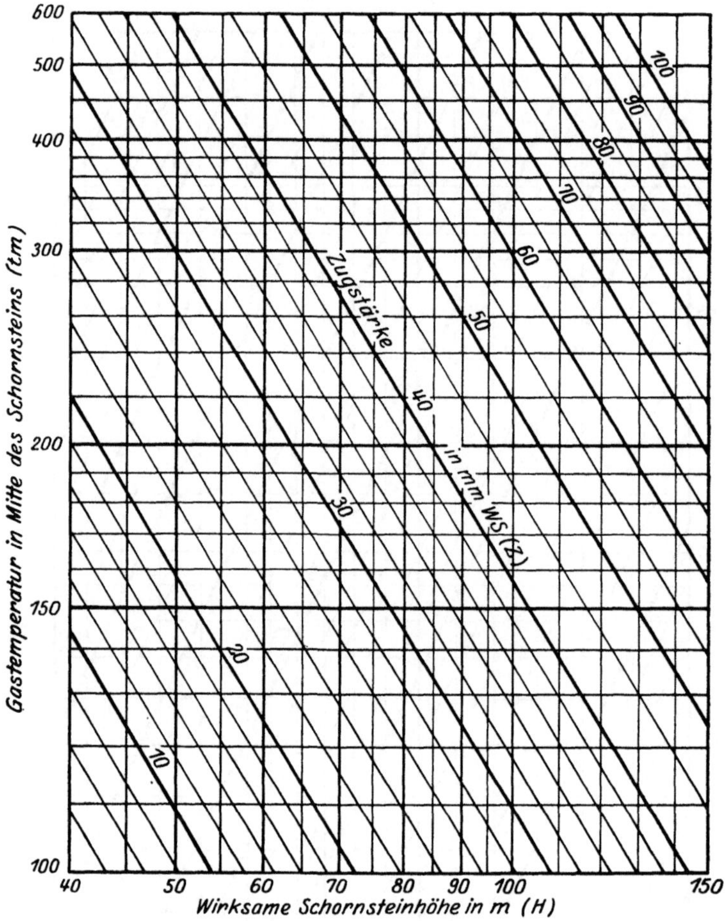

Abb. 108. Zugstärke von Schornsteinen bei Verbrennung von Bitterfelder Rohbraunkohle (20° Außentemperatur).

Formel: $Z = 273 \cdot H \cdot \left(\frac{1{,}293}{293} - \frac{1{,}266}{273 + t_m}\right)$.

Setzen wir für

$$f = \frac{2 \cdot cp \cdot G}{O \cdot k}, \tag{98}$$

so erhalten wir

$$t_2 = \frac{t_1 \cdot (f - 1) + 2 \cdot t_a}{1 + f}. \tag{99}$$

Die Mündungstemperatur hängt also in erster Linie von der Belastung ab (G). Je größer diese ist, um so geringer ist die Temperaturverminderung im Schornstein. Der Wert k schwankt zwischen 1 und 2, je nach der Stärke des Mauerwerks. Man kann auch f durch die Mündungsgeschwindigkeit ausdrücken und erhält

$$u_2 = \frac{G}{3600 \cdot \gamma_2 \cdot F_2} \tag{100}$$

und

$$f = \frac{7200 \cdot u_2 \cdot \gamma_2 \cdot F_2}{O \cdot k};$$

hierbei ist

u_2 = Mündungsgeschwindigkeit,
F_2 = Mündungsquerschnitt.

Zahlenbeispiel.

$$h = 30\text{ m},$$
$$d_2 = 0{,}8\text{ m},$$
$$O = 104\text{ qm},$$
$$t_1 = 230^\circ,$$
$$t_a = -20^\circ,$$
$$u_2 = 8{,}8\text{ m/s},$$
$$\gamma_{\text{Gas}} = 1{,}3\text{ kg/cbm},$$
$$k = 1{,}25\text{ kcal/qm-st}.$$

Man erhält

$$\frac{F_2}{O} = \frac{\frac{0{,}8^2}{4}}{104} = 0{,}00483,$$

$$\gamma_2 = 1{,}3 \cdot \frac{273}{273 + 218} = 0{,}723.$$

(Der Wert 218 wurde erst nach einer vorhergehenden Rechnung eingesetzt.)

$$f = \frac{7200 \cdot 8{,}8 \cdot 0{,}24 \cdot 0{,}00483 \cdot 0{,}723}{1{,}25} = 42{,}5,$$

$$t_2 = \frac{230 \cdot (42{,}5 - 1) - 2 \cdot 20}{42{,}5 + 1} = \frac{9545 - 40}{43{,}5} = 218{,}5^\circ.$$

Die Gasabkühlung wird

$$t_1 - t_2 = 230 - 218{,}5 = 11{,}5^\circ$$

und pro Meter Schornsteinhöhe

$$\frac{11{,}5}{30} = 0{,}38^\circ.$$

Für dasselbe Beispiel wird, wenn wir $k = 2{,}7$ setzen,

$$t_1 - t_2 = 24^\circ$$

und

$$\frac{24}{30} = 0{,}8^\circ \text{ pro Meter Schornsteinhöhe.}$$

Im allgemeinen dürfte man ohne Rechnung mit der Annahme, daß auf 1 m Schornsteinhöhe 0,5 bis 1° Temperaturverlust entfallen, auskommen. Die wirklich durch einen Schornstein hervorgerufene

Zugstärke wird noch etwas herabgesetzt durch die Reibung im Schornstein und durch Erzeugung der notwendigen Geschwindigkeit. Dieser Anteil ist jedoch nicht sehr hoch und wird 2 mm WS selten überschreiten.

Entsprechend der Wichtigkeit wollen wir uns nun den Strömungsverhältnissen in den Rauchgaszügen von der Feuerung bis zum Vorwärmer widmen, ganz besonders aber bei dem letzteren länger verweilen.

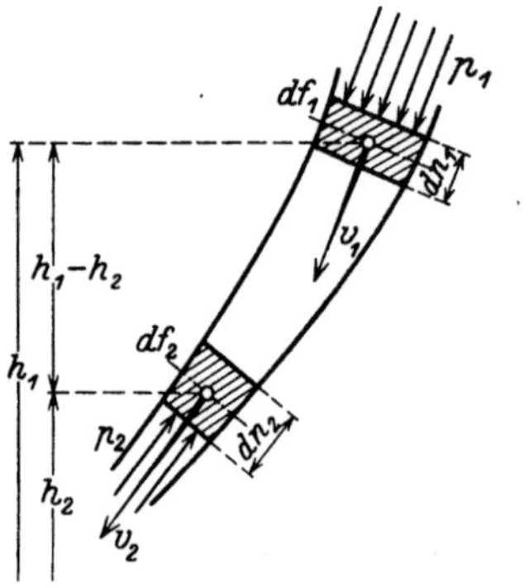

Abb. 109.

Wir denken uns aus dem gesamten Gasstrom einen unendlich dünnen Stromfaden herausgeschnitten, Abb. 109. Dieser Stromfaden bildet für sich eine kleine Rohrleitung. Wir betrachten die beiden Querschnitte df_1 und df_2, die in der Zeiteinheit dt den Weg dn_1 und dn_2 zurücklegen. Auf den Querschnitt df_1 wirkt auf die ganze Breite der Druck p_1, auf df_2 in entgegengesetzter Richtung p_2. Die mittlere Höhenlage des Querschnittes df_1 sei h_1, bei df_2 die Höhe h_2. Setzen wir nun die Arbeitsgleichung an, so erhalten wir, da der Zuwachs an lebendiger Kraft hervorgerufen wird durch den Überschuß der äußeren Kräfte:

$$p_1 \cdot df_1 \cdot dn_1 - p_2 \cdot df_2 \cdot dn_2 + \gamma\, df \cdot dn (h_1 - h_2) = \frac{\gamma}{2g} \cdot df \cdot dn \cdot (u_2^2 - u_1^2).$$

Wegen der Kontinuität wird

$$df_1 \cdot dn_1 = df_2 \cdot dn_2 = df \cdot dn$$

und

$$(p_1 - p_2) + \gamma (h_1 - h_2) + \frac{\gamma}{2g} (u_1^2 - u_2^2) = 0 ,$$

wenn noch angenommen wird, daß die Geschwindigkeit, wie es allgemein zutrifft, abnimmt. Liegen nun die beiden Querschnitte unendlich nahe zusammen, so können wir setzen:

$$dp + \gamma\, dh + \frac{\gamma}{2g} d(u^2) = 0 . \tag{101}$$

Dies ist die Bernoullische Grundgleichung für die Bewegung von Flüssigkeiten in Rohrleitungen. Setzen wir noch ein Reibungsglied hinzu, da bisher keine Reibung vorausgesetzt war, so erhalten wir

$$dp + \gamma\, dh + \frac{\gamma}{2g} d(u^2) + dR = 0 . \tag{102}$$

Da sich infolge der Abkühlung der Rauchgase der Wert γ ändert, so setzen wir einstweilen einen mittleren Wert γ_m ein. Diese allgemeine Gleichung erfordert für Vorwärmer noch eine weitere Spezialisierung. Wir haben bei Rauchgasvorwärmern 3 ganz bestimmte Fälle, und zwar ziehen die Rauchgase

1. horizontal,
2. vertikal aufwärts oder
3. vertikal abwärts.

Fall I: Horizontaler Gasweg.

Das Glied $\gamma_m \cdot dh$ wird $= 0$, und es wird mit den Anfangsbedingungen

$$\left.\begin{aligned} R &= 0 \\ p &= p_1 \\ u &= u_1 \end{aligned}\right\}$$

$$R = \frac{\gamma_m}{2g}(u_1^2 - u^2) + (p_1 - p). \tag{103}$$

Fall II: Gasweg vertikal aufwärts.

Anfangsbedingungen

$$\left.\begin{aligned} R &= 0 \\ h &= h_1 \\ p &= p_1 \\ u &= u_1 \end{aligned}\right\}$$

$$R = \frac{\gamma_m}{2g}(u_1^2 - u^2) + (p_1 - p) + \gamma_m(h - h_1). \tag{104}$$

Der Unterdruck p steigt infolge der Reibungsverluste entlang der Rauchgaszüge an. Je größer der Reibungsverlust wird, um so steiler verläuft der Kurvenzug, wenn man den Unterdruck als Funktion des Weges graphisch aufträgt. Führt man nun die Subtraktion bzw. Addition des Gliedes $\gamma_m(h - h_1)$ bei dieser Darstellung nicht durch, so kann es zuweilen vorkommen, daß ein Wert im Verhältnis zu dem vorher gemessenen kleiner ist und der Kurvenzug stellenweise nicht ansteigt, sondern abwärts gerichtet ist. Ohne die Kenntnis der obigen Ausführung wird man zunächst vermuten, daß Meßfehler vorliegen. Nachträgliche Messungen werden aber, wenn die Höhenlagen der Meßstellen voneinander abweichen, kein anderes Ergebnis zeitigen. Als Musterbeispiel seien die Zugmessungen von Kammerer bei einem Stierle-Kessel angeführt und in der Abb. 110 wiedergegeben. Die Meßstellen c und d liegen um ca. 1 m in der Höhe auseinander. Bei den verschiedenen Belastungen entstehen verschiedene Rauchgasmengen, und da der Querschnitt in den Zügen gleichbleibt, so wird auch die Gasgeschwindigkeit mit steigender Belastung größer. Eine unmittelbare Folge dieser Tatsache ist ein Ansteigen des Reibungsverlustes. Bei den Versuchen von Kammerer ist es ausgeschlossen, daß Meßfehler gemacht wurden, denn die Versuche wurden mit doppelten und sehr genauen Instrumenten vorgenommen. Bei drei Versuchsreihen zeigt sich ein solcher Abfall des gemessenen Unterdruckes zwischen den Meßstellen c und d. Kammerer gibt an, daß „diese Erscheinung dem eigenen Auftrieb der Gase infolge der Höhenunterschiede zuzuschreiben ist“. Diese Behauptung ist nur insofern richtig, als der Höhenunterschied der Meßpunkte eine Rolle dabei spielt. Diese Erscheinung einem „eignen Auftrieb der Rauchgase“ zuzuschreiben, dürfte jedoch dem physikalischen Geschehen nicht entsprechen. In der Physik bedeutet das Wort Auftrieb etwas ganz anderes. Nach dem archimedischen Prinzip erfährt ein in einen anderen Körper untergetauchter Körper einen Auftrieb, d. h. eine nach oben gerichtete

Kraft, wenn das spezifische Gewicht des eingetauchten Körpers kleiner ist als dasjenige des anderen. Die Erscheinung eines Auftriebes ist also immer nur dort vorhanden, wo zwei Körper da sind und der eine in den anderen untertaucht. Dies ist nicht der Fall, wenn die Rauchgase von der Feuerung durch den Kessel, Überhitzer und Vorwärmer nach dem Schornstein ziehen. Wir haben hier gewissermaßen eine von einer Flüssigkeit durchflossene Rohrleitung. In dieser Rohrleitung haben wir, wenn wir von dem Einfluß verschiedener Temperaturen innerhalb der

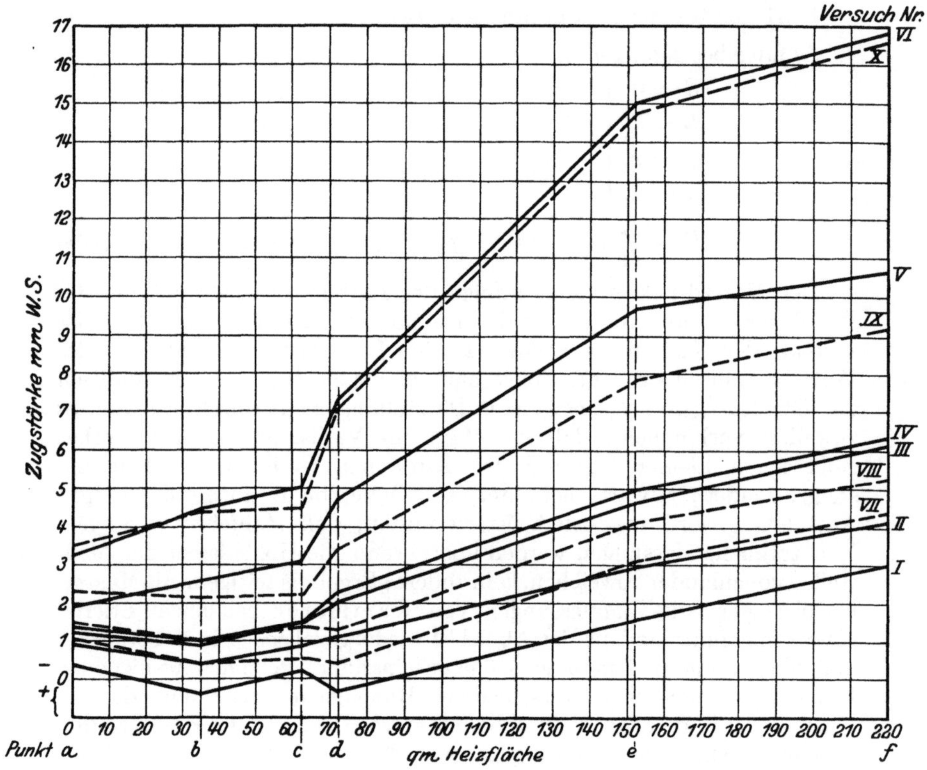

Abb. 110. Beispiel für den Verlauf der Zugstärke in einer Kesselanlage (Kammerer).

Rauchgase absehen, einen Körper von gleichmäßig sich änderndem spezifischen Gewicht bezogen auf denselben Querschnitt. Auf dem Wege von *c* nach *d* erfahren die Rauchgase nur eine Abkühlung von 20 bis 25°. Ein Wärmeentzug findet also kaum statt. Eine Erklärung für die Erscheinung, daß gewissermaßen ein Druckgewinn stattfindet, können wir aber nach unseren Ausführungen leicht geben. Betrachten wir z. B. die Meßreihe I, so haben wir zwischen Meßstelle *c* und *d* eine mittlere Temperatur von 340° und ein entsprechendes spezifisches Gewicht der Rauchgase von 0,58 kg/cbm. Dies entspricht einem spezifischen Gewicht von ca. 1,3 kg/cbm bei 0° und 760 mm Quecksilbersäule. Es wäre also zu der gemessenen Zugdifferenz nach Gleichung (104)

(1,3 — 0,58) · 1 = 0,72 mm WS hinzuzuaddieren. Einer Zugabnahme entspricht eine Druckzunahme. Da die Zugstärken Unterdruck bedeuten, aber positiv gesetzt werden, müssen wir eine Druckzunahme mit dem negativen Vorzeichen versehen, und wir erhalten eine Druckzunahme

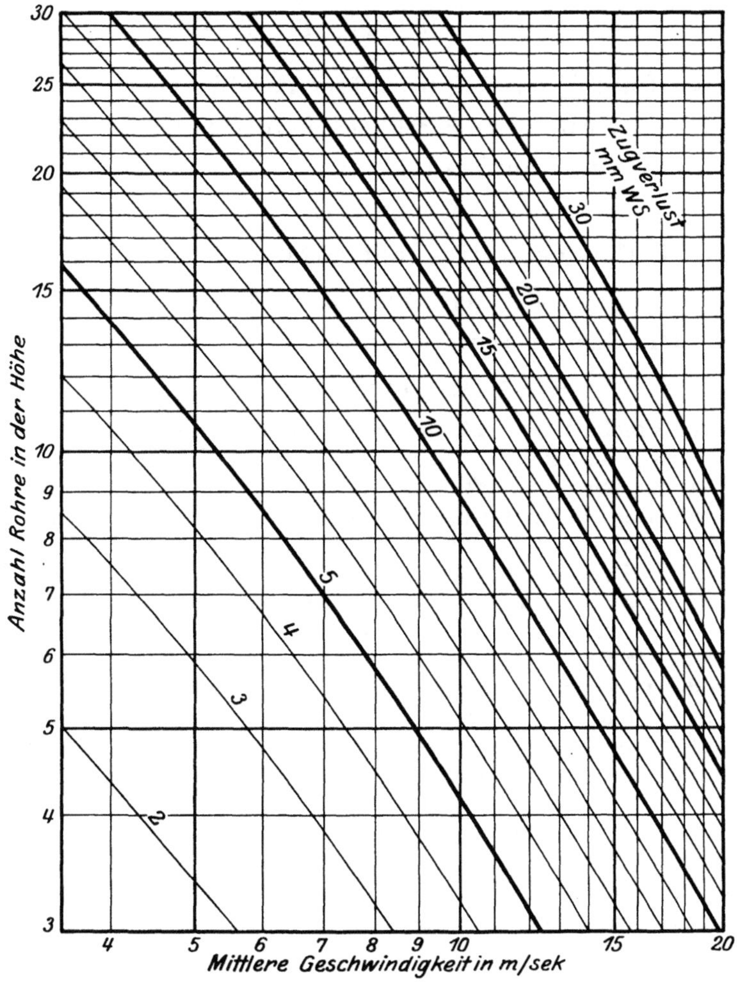

Abb. 111. Zugbedarf eines Rippenrohrvorwärmers im abwärts gerichteten Gasstrom.

von — (0,334 — 0,222) = —0,112 mm WS, und wir haben einen Reibungsverlust von ca. 0,72 — 0,112 = 0,6 mm WS. Da bei den höheren Belastungen die Differenz der gemessenen Zugstärken gegenüber dem Wert 0,72 viel größer ist, tritt die Erscheinung der scheinbaren Druckzunahme nicht ein, und wir haben eine objektive, wissenschaftliche Erklärung für den Verlauf der scheinbar abnormalen Zugstärken gefunden.

Fall III: Gasweg vertikal abwärts.

Die Anfangsbedingungen sind dieselben wie bei Fall II, nur wird jetzt

$$h_1 > h\,,$$

und daher

$$R = \frac{\gamma_m}{2g}(u_1^2 - u^2) + (p_1 - p) - \gamma_m(h - h_1)\,. \qquad (105)$$

Da das Glied $\frac{\gamma_m}{2g}(u_1^2 - u^2)$ selten über 1 mm WS ergibt, so können wir dieses Glied ohne grobe Fehler auch fortlassen, und es wird

Fall I: Gasweg horizontal

$$R = (p_1 - p)\,, \qquad (106)$$

Fall II: Gasweg vertikal aufwärts

$$R = (p_1 - p) + \gamma_m(h - h_1)\,, \qquad (107)$$

Fall III: Gasweg vertikal abwärts

$$R = (p_1 - p) - \gamma_m(h - h_1)\,. \qquad (108)$$

Dieses Ergebnis verdient eine ganz besondere Beachtung. In der Praxis wird gewöhnlich mit einem gewöhnlichen U-Rohr der statische Druck p gemessen und oft die gemessene Differenz $p_1 - p$ als der Reibungsverlust im Vorwärmer angesehen. Dies ist aber nur beim Fall I zutreffend, während beim Fall II der Reibungsverlust in Wirklichkeit größer ist und zu der gemessenen Größe $p_1 - p$ noch das Gewicht der Gassäule zwischen den beiden Meßstellen hinzuaddiert werden muß, um den Reibungsverlust zu erhalten. Umgekehrt ist bei Fall III die gemessene Größe $p_1 - p$ deshalb nicht der reine Reibungsverlust, da in ihm das Gewicht der zwischen den Meßstellen befindlichen Gassäule schon enthalten ist. Bei modernen Vorwärmern können hierbei oft ganz erhebliche Unstimmigkeiten auftreten. Im Interesse sowohl des Lieferanten wie auch des Abnehmers ist es angebracht, wenn ganz besonders darauf hingewiesen wird, daß die Garantie bezüglich Zugverlust sich erstreckt auf den reinen Reibungsverlust oder die gemessene Zugdifferenz.

Mit den üblichen U-Röhren wird aber nicht das Gewicht der Gassäule gemessen, sondern die Differenz aus der derselben Höhe entsprechenden äußeren Luftsäule $\gamma_a(h - h_1)$ und der Gassäule $\gamma_m(h - h_1)$. Es muß daher in den abgeleiteten Gleichungen das Glied $\gamma_m(h - h_1)$ ersetzt werden durch $(\gamma_a - \gamma_m)(h - h_1)$. Dies kann an Hand der beiden Abbildungen 112 und 113 leicht nachgeprüft werden. Wir erhalten also

Fall II: Gasweg vertikal aufwärts, Abb. 112:

$$R = \frac{\gamma_m}{2g}(u_1^2 - u^2) + (p - p_1)_{\text{gemessen}} + (\gamma_a - \gamma_m)(h - h_1)\,. \qquad (109)$$

Fall III: Gasweg vertikal abwärts, Abb. 113:

$$R = \frac{\gamma_m}{2g}(u_1^2 - u^2) + (p - p_1)_{\text{gemessen}} - (\gamma_a - \gamma_m)(h - h_1)\,. \qquad (110)$$

In der Abb. 114 sind die notwendigen, sich aus obigen Gleichungen ergebenden Korrekturen aufgetragen.

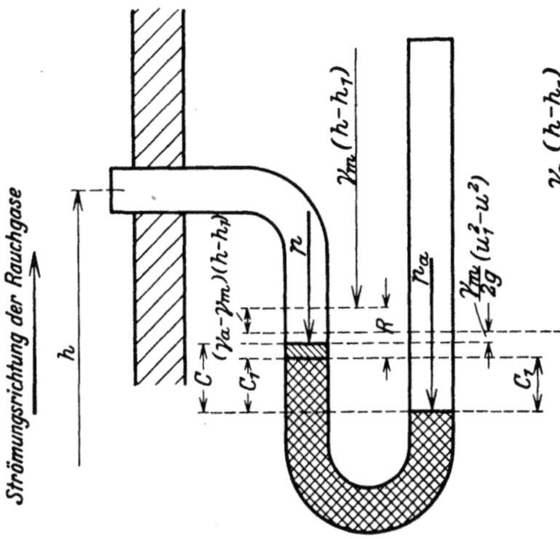

Abb. 112.

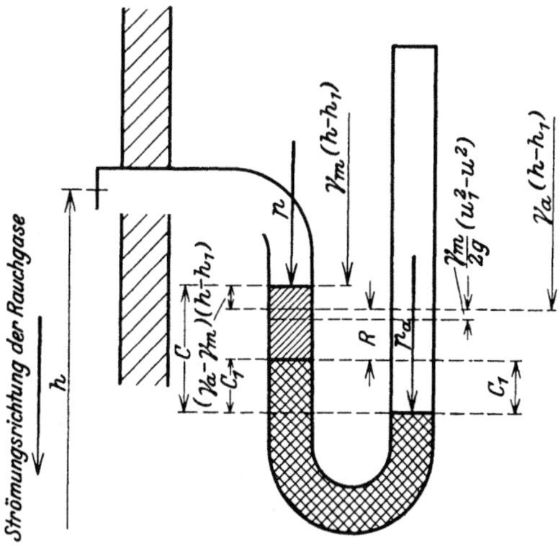

Abb. 113.

Zahlenbeispiel. Um die Anwendung der vorigen Ausführungen zu zeigen, sei ein Beispiel aus der Praxis angeführt. Bei einem neuen Vorwärmer wurde bei einer stündlichen Leistung von 40000 kg garantiert, daß der Zugverlust im Vorwärmer durch Reibung 8 mm WS beträgt. Vorversuche hatten ergeben, daß diese 8 mm schon bei einer Leistung von 35860 kg vorhanden waren. Man glaubte somit nicht, daß bei 40000 kg die Garantie erreicht werden würde. Bei einem mittleren Kohlensäuregehalt im Vorwärmer

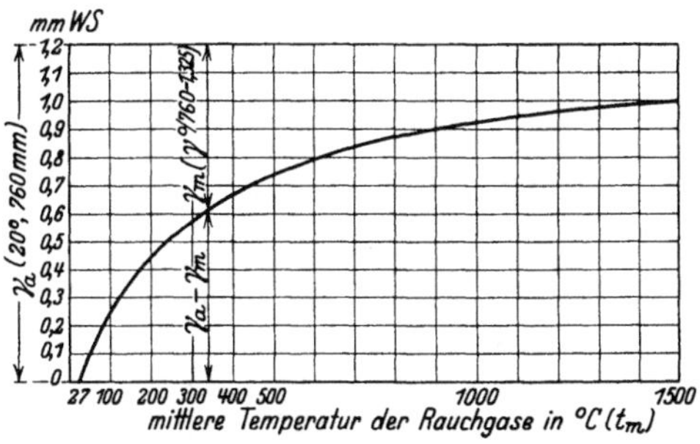

Abb. 114. Korrektur für die zwischen 2 Meßstellen befindliche Gassäule von 1 m Höhe.

von 12,25% und einem mittleren Heizwert von 2280 kcal, einem Wirkungsgrad von 83% ergab sich die Kohlenmenge zu

$$\frac{35800 \cdot 705}{2280 \cdot 0{,}83} = 13350 \text{ kg}$$

und schätzungsweise eine Rauchgasmenge pro kg Brennstoff

$$\frac{1{,}1 \cdot 2280 \cdot 19}{12{,}25 \cdot 1000} + 0{,}9 = 4{,}8 \text{ cbm } 0/760\,,$$

die Temperatur betrug im Mittel

$$\frac{362 + 127}{2} = 245^\circ,$$

und die Gasgeschwindigkeit im Mittel

$$\frac{13350 \cdot 4,8 \cdot 518}{3600 \cdot 39 \cdot 0,163 \cdot 273} = 5,3 \text{ m/s}.$$

Die Abb. 111 ergibt rechnerisch denselben Wert wie gemessen, also 8 mm WS. Nun ist aber zu beachten, daß die beiden Meßstellen ca. 6 m übereinander liegen und die Gase von oben nach unten durch den Vorwärmer ziehen. Es kommt also die Gleichung (110) zur Anwendung, und wir erhalten zunächst für

$$\gamma_m = 1,270 \frac{273}{273 + 245} = 0,67 \text{ cbm/kg}$$

und

$$R = 8 - (1,27 - 0,67) \cdot 6 = 8 - 3,6 = 4,4 \text{ mm WS}.$$

Rechnen wir nun, daß die Geschwindigkeit ungefähr proportional der Belastung steigt, so erhalten wir

$$\frac{5,3 \cdot 40000}{35800} = 5,92 \text{ m/s},$$

die unter ähnlichen Verhältnissen bei 40000 kg Leistung einen Zugverlust laut Abb. 111 von

$$9 - 3,6 = 5,4 \text{ mm WS}$$

hervorruft. Die Garantie wird also unter allen Umständen erreicht, auch wenn die Abgastemperatur hinter dem Kessel noch auf die garantierte Höhe steigen sollte.

Das Glied $\frac{\gamma_m}{2g}(u_1^2 - u^2)$ darf indes nicht immer ohne weiteres fortgelassen werden, besonders dann nicht, wenn der Rauchgasvorwärmer sehr groß bemessen ist und der Unterschied der beiden Rauchgastemperaturen am Ein- und Austritt groß ist. Dadurch wird die Differenz der Geschwindigkeitsquadrate so groß, daß die Vernachlässigung beachtliche Fehler mit sich bringt.

Die erforderliche Zugstärke hinter Dampfkesseln schwankt je nach der Belastung und nach der Kesseltype. Auch die Brennstoffsorte hat Einfluß auf die im Kessel erforderliche Zugstärke. Rissiges Mauerwerk kann den Zugbedarf ebenfalls steigern.

2. Der Zugverlust durch Reibung im Vorwärmer.

Nach der bisher in der Hydraulik üblichen Weise hat man einfach den Widerstand proportional dem Quadrat der Geschwindigkeit gesetzt und glaubte dies einfach auch auf die Bewegung der Gase anwenden zu können. Die Fortschritte der Flugtechnik konnten aber nur zustande kommen, daß man mit dieser Anschauung gebrochen hat. In einem bis zwei Jahrzehnten ist auch ein gutes Stück Arbeit in der flugtechnischaerodynamischen Forschung geleistet worden, so daß heute viel ältere Wissenschaften sich die Ergebnisse dieser jungen Wissenschaft zunutze machen. Wenn auch z. B. in der Wärmetechnik die Vorgänge viel verwickelter sind, weil hier zu den rein strömungstechnischen Vorgängen noch der Einfluß der Temperaturänderungen kommt, so können doch wenigstens für die Bestimmung der Druckverluste jene Ergebnisse gute Dienste leisten.

Ein wesentlicher Fortschritt hierin ist die Prandtlsche Grenzschichtentheorie[1]. Diese sucht die Reibungskräfte nicht mehr wie bisher in der Flüssigkeit selbst, sondern dort, wo sie wirklich auftreten: in der Nähe der von dem Mittel berührten Wand.

$$u = u_1 \cdot \left(\frac{y}{\delta}\right)^{\frac{1}{7}}. \tag{111}$$

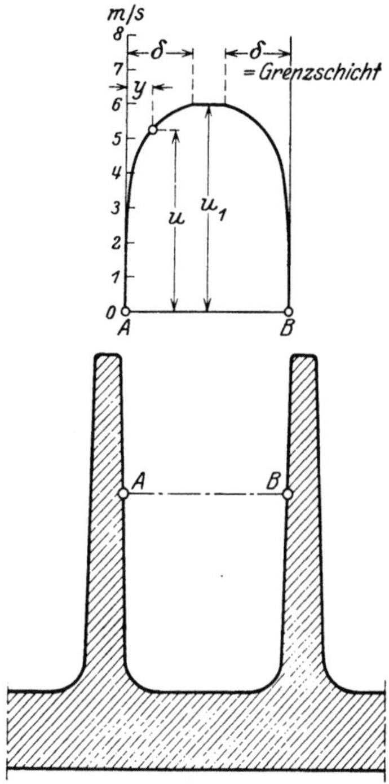

Abb. 115. Strömung zwischen den Rippen eines Rippenrohres.

Dieses Gesetz ist zwar bei zwei benachbarten Platten nicht genau bis zur Mitte gültig, bildet aber eine sehr gute Annäherung. Durch die Bewegung der Moleküle und die Mischungsbewegung, bei der benachbarte Teilchen ihre Geschwindigkeiten abbremsen, wird ein Impulsverlust hervorgerufen. Dieser äußert sich entweder als Widerstandskraft am durch die Gase bewegten Körper oder als Druckverlust bei den durch einen Körper bewegten Gasen. Beide sind verbunden durch die Gleichung

$$\tau = U \cdot \frac{p_1 - p_2}{l}\,; \tag{112}$$

hierbei ist

U = der sog. Profilradius, d. h. das Verhältnis der Durchflußfläche zum benetzten Umfang,

l = die Länge des Gaswegs im Vorwärmer,

$p_1 - p_2$ = der durch die Reibung hervorgerufene Druckverlust,

τ = die Reibungsspannung an der Wand (Schubspannung).

Der Impulsverlust wird

$$J = \frac{\gamma_m}{g}\int_0^d u(u_1 - u)\,dy\,. \tag{113}$$

[1] Siehe Prandtl: Über den Reibungswiderstand strömender Luft. Ergebnisse der Aerodynamischen Versuchsanstalt zu Göttingen. III. Lieferung 1927. München und Berlin: R. Oldenburg.

Die Gleichungen (111) und (112) ergeben

$$J = \frac{7}{72} \cdot \frac{\gamma_m \cdot u_1^2 \cdot \delta}{g}. \tag{114}$$

Durch Differenzieren dieser Gleichung nach (l) und in Verbindung mit der Blasiusschen Formel ergibt sich ein Ausdruck für δ, der mit Gleichung (112) dann ergibt

$$W = \tau \cdot l = 0{,}072 \cdot \frac{\gamma_m \cdot u_1^2}{2g} \cdot l \cdot \left(\frac{\nu}{u_1 \cdot l}\right)^{\frac{1}{4}}. \tag{115}$$

ν ist die kinematische Zähigkeit

$$\nu = \frac{\mu \cdot g}{\gamma_m}.$$

Endlich wird

$$p_1 - p_2 = \frac{1}{U} \cdot 0{,}072 \cdot \frac{\gamma_m \cdot u_1^2}{2g} \cdot \left(\frac{\nu}{u_1 \cdot l}\right)^{\frac{1}{4}}. \tag{116}$$

Der Beiwert 0,072 kann jedoch für die Berechnung nicht beibehalten werden, da durch plötzliche Verengung des Querschnittes am Vorwärmereintritt und durch plötzliche Erweiterung desselben am Austritt weitere Druckverluste entstehen und in der Differenz

$$R = p_1 - p_2$$

mitgemessen werden. Es ist auch fraglich, ob die Gleichung (116) für alle Vorwärmerkonstruktionen gute Werte ergibt. Es ist viel besser, wenn für jede Vorwärmerkonstruktion der Wert C in der Gleichung

$$R = p_1 - p_2 = C \cdot \frac{\gamma_m \cdot u_1^2}{2g} \tag{117}$$

experimentell für sich bestimmt wird. Bei der Verwendung eines Staurohres zur Feststellung der Geschwindigkeit ist die Geschwindigkeit in der Mitte $= u_1$ besser zu ermitteln, als die mittlere Geschwindigkeit u_m. Jedoch wäre eine zu große Genauigkeit bei der Bestimmung des Koeffizienten C verfehlt, da eine Unmenge Meßfehler bei solchen Messungen sich einstellen und auch die rechnerische Vorausbestimmung des Zugverlustes durch Reibung nur auf 1 mm WS genau zu sein braucht. In den meisten Fällen wird es genügen, da γ_m sich nicht in großen Grenzen ändert, den Wert C als Funktion von u_1 zu bestimmen.

Anhänge.

Anhang 1.

Allgemeine wärmetechnische Grundlagen.

1. Rauchgase.

Die Rauchgase sind eine Mischung der bei der Verbrennung der Brennstoffe entstehenden und übrigbleibenden Gase. Es entstehen

Kohlensäure,
Kohlenoxyd (bei unvollkommener Verbrennung) und
Schwefeldioxyd.

Die übrigbleibenden Gase stammen aus der Verbrennungsluft und bestehen aus

Stickstoff und Sauerstoff (bei Luftüberschuß).

Außerdem enthalten die Rauchgase

Wasserdampf (herrührend von der Verbrennung von Wasserstoff, vom Brennstoffwasser und von der Luftfeuchtigkeit) und
Verunreinigungen wie Flugasche, Flugkoks und Ruß (schlechte Verbrennung).

Für die Rauchgase gelten die physikalischen Gesetze von Gasgemischen. Für den Zustand der Gase maßgebend ist der Druck, das Volumen und die Temperatur.

Der Druck wird gemessen in Atmosphären, mm Quecksilbersäule und mm Wassersäule:

a) physikalische Atmosphäre = Atm
= 760 mm Q.-S. von 0°
= 10,333 m W.-S.
= 1,033 at;

b) technische Atmosphäre = at
= 735,5 mm Q.-S. von 0°
= 10,000 m W.-S.
= 0,968 Atm.

Als Bezugspunkt gilt hierbei der 0-Punkt. In der Dampftechnik wird aber auch mit Überdruck gerechnet, d. h. der Bezugspunkt liegt 1 at über dem 0-Punkt; z. B. sind 15 at Überdruck (kurz atü) = 16 at absolut (kurz ata).

Das Volumen wird gemessen in Normalkubikmetern

= Ncbm = bei 0° und 760 mm Q.-S.
= ncbm = bei 0° und 735,5 mm Q.-S.

Das spezifische Volumen ist der Rauminhalt eines Kilogramms des betreffenden Gases ($= v$).

Das spezifische Gewicht ist der reziproke Wert des spezifischen Volumens bezogen auf Wasser = 1000 ($= \gamma$).

Das spezifische Gewicht wird $m M/22{,}41 \cdot m = M/22{,}41$
bzw. $m M/24 \cdot m = M/24$.

Die Dichte eines Gases ist das spezifische Gewicht bezogen auf Luft $= \delta = \frac{\gamma}{1{,}293}$.

Die Zusammensetzung der Luft ist

dem Rauminhalt nach	20,96%	Sauerstoff,
	79,04%	Stickstoff;
dem Gewicht nach	23,2%	Sauerstoff,
	76,8%	Stickstoff.

Ein Mol eines Gases ist die Menge von Mkg, wobei M das Molekulargewicht ist. Das Mol ist eine Raumeinheit. Nach dem Gesetz von Avogadro nimmt ein Mol bei gleichen Drücken und Temperaturen für alle (vollkommenen) Gase den gleichen Raum ein. Mit dem Mol ist sehr leicht zu rechnen, da

1 Mol = 22,41 Ncbm und
= 24 ncbm ist.

Durch Temperaturerhöhung dehnen sich die Rauchgase aus, und zwar im Verhältnis der absoluten Temperaturen ($t + 273 = T$).

Bei technischen Feuerungen bleibt der Druck konstant, daher wird für die Rechnung die spezifische Wärme für konstanten Druck benötigt. Sie ist für

1 kg Gas $= cp$
1 Mol $= Mcp$
1 Ncbm $= Mcp/22{,}41$
1 ncbm $= Mcp/24$.

Die spezifische Wärme ist mit der Temperatur veränderlich ($= f(t)$). Für bestimmte Temperaturbereiche rechnet man daher mit einer mittleren spezifischen Wärme (cp_m)

$$cp_m = \frac{1}{t_2 - t_1} \cdot \int_{t_1}^{t_2} f(t) \cdot dt\,.$$

Zahlenbeispiel. Für Kohlensäure ist zwischen 0 und 200°

$Mcp_m = 10{,}01$ (siehe Zahlentafel 19)
für 1 kg $cp_m = 10{,}01/44 = 0{,}2275$
für 1 Ncbm $cp_m = 10{,}01/22{,}41 = 0{,}4465$
für 1 ncbm $cp_m = 10{,}01/24 = 0{,}4165$.

Bei Gasgemischen tritt an die Stelle des Molekulargewichts der Wert

$$\frac{\Sigma(m_i M_i)}{\Sigma(m_i)} = \text{scheinbares Molekulargewicht,}$$

wobei $m_1, m_2 \ldots m_i$ = die Mole und $M_1, M_2 \ldots M_i$ = die Molekulargewichte der einzelnen Bestandteile bedeuten. Es ergibt sich weiter

$$\frac{\Sigma(m_i M_i)}{22{,}41 \cdot \Sigma(m_i)} = \frac{\Sigma(M_i)}{22{,}41} = \text{spezifisches Gewicht},$$

$$\frac{\Sigma(m_i M_i c p_i)}{\Sigma(m_i)} = \Sigma(M_i c p_i) = \text{spezifische Wärme für 1 Mol},$$

$$\frac{\Sigma(m_i M_i c p_i)}{\Sigma(m_i M_i)} = \Sigma(c p_i) \text{ spezifische Wärme für 1 kg},$$

$$\frac{\Sigma(m_i M_i c p_i)}{22{,}41 \cdot \Sigma(m_i)} = \frac{\Sigma(M_i c p_i)}{22{,}41} = \text{spezifische Wärme für 1 Ncbm}.$$

Zahlenbeispiel. Für Rauchgase aus Steinkohle mit $h_u = 7000$ kcal und 14% CO_2 ergibt sich in entsprechender Folge

$$\frac{14{,}222\,982}{0{,}468\,559} = 30{,}35,$$

$$\frac{30{,}35}{22{,}41} = 1{,}354,$$

$$\frac{3{,}526\,015}{0{,}468\,558} = 7{,}525,$$

$$\frac{3{,}526\,015}{14{,}222\,982} = 0{,}2479.$$

$$\frac{7{,}525}{22{,}41} = 0{,}336,$$

Die Verbrennung. Für die Berechnung der bei der Verbrennung entstehenden Gase dient die Brennstoffanalyse. Bedeuten

c = Kohlenstoff	z. B.	= 0,74
h = Wasserstoff		= 0,046
o = Sauerstoff		= 0,09
n = Stickstoff		= 0,01
s = Schwefel		= 0,01
w = Wasser		= 0,038
a = Asche		= 0,066

in Gewichtsteilen, so hat man bei der Verbrennung ohne Luftüberschuß

theoretischer Sauerstoffbedarf

$$O_{\min} = \frac{c}{12} + \frac{h}{4} + \frac{s}{32} - \frac{o}{32},$$
$$= \frac{0{,}74}{12} + \frac{0{,}046}{4} + \frac{0{,}01}{32} - \frac{0{,}09}{32},$$
$$= 0{,}070\,666 \text{ Mol} = 1{,}58 \text{ Ncbm};$$

theoretischer Luftbedarf

$$L_{\min} = \frac{O_{\min}}{0{,}21} = \frac{0{,}070\,666}{0{,}21} = 0{,}3365 \text{ Mol} = 7{,}54 \text{ Ncbm};$$

Stickstoffmenge

$$L_{n\min} = \frac{O_{\min}}{0{,}21} \cdot 0{,}79 = 0{,}26584 \text{ Mol} = 5{,}96 \text{ Ncbm};$$

trockene Rauchgase

$$v_t = \frac{c}{12} + \frac{s}{32} + L_{n\,\min} \text{ in Mol},$$

$$= 0{,}061666 + 0{,}000312 + 0{,}26584,$$

$$= 0{,}327818 \text{ Mol} = 7{,}35 \text{ Ncbm};$$

Wasserdampf

$$v_w = \frac{h}{2} + \frac{w}{18} \text{ in Mol},$$

$$v_w = 0{,}023 + 0{,}002111 = 0{,}025111 \text{ Mol} = 0{,}56 \text{ Ncbm};$$

gesamte Gasmenge (feuchte Rauchgase)

$$v_g = v_t + v_w,$$

$$v_g = 0{,}327818 + 0{,}025111 = 0{,}3529295 \text{ Mol} = 7{,}9 \text{ Ncbm};$$

theoretischer Kohlensäuregehalt

$$k_{\max} = \frac{c/12}{v_t} \cdot 100 \text{ in } \%;$$

$$k_{\max} = 100 \cdot \frac{0{,}061666}{0{,}327818} = 18{,}81\,\%.$$

Dieser Wert entspricht der Gasanalyse mittels Orsat, da hierbei der Wasserdampf der Rauchgase verschwindet.

Zahlentafel 12. Abhängigkeit der Rauchgasmenge vom Heizwert. (Nach Rosin: Z. V. d. I. Bd. 71, S. 384.)

	Rauchgasvolumen bei theoretischem Luftbedarf v_g ncbm/kg	Theoretischer Luftbedarf $L_{\min}$ ncbm/kg
Feste Brennstoffe .	$\frac{0{,}915}{1000} h_u + 1{,}5$	$\frac{1{,}01}{1000} h_u + 0{,}5$
Öle	$\frac{1{,}11}{1000} h_u$	$\frac{0{,}88}{1000} h_u + 1{,}65$
	ncbm/ncbm	ncbm/ncbm
Armgase	$\frac{0{,}725}{1000} h_u + 1{,}0$	$\frac{0{,}875}{1000} h_u$
Reichgase	$\frac{1{,}14}{1000} h_u + 0{,}25$	$\frac{1{,}09}{1000} h_u - 0{,}25$

Verbrennung mit Luftüberschuß. (Luftüberschußzahl = λ) Luftbedarf

$$L = \lambda \cdot L_{\min} = \frac{\lambda O_{\min}}{0{,}21} \text{ in Mol},$$

$$L = 1{,}3436 \cdot 0{,}3365 = 0{,}452121 \text{ Mol} = 10{,}13 \text{ Ncbm}:$$

hierbei ist

$$\lambda = \frac{k_{\max}}{k} \text{ (nur gültig für feste Brennstoffe)}$$

$$\lambda = \frac{18{,}81}{14} = 1{,}3436;$$

Stickstoffmenge

$$L_n = \lambda \cdot L_{\min} \cdot 0{,}79 = \frac{\lambda O_{\min}}{0{,}21} \cdot 0{,}79 \text{ in Mol,}$$

$$L_n = 1{,}3436 \cdot 0{,}26584 = 0{,}357182 \text{ Mol} = 8{,}0 \text{ Ncbm};$$

gesamte Rauchgasmenge

$$v_g = \frac{c}{12} + \frac{s}{32} + (\lambda - 0{,}21)\, L'_{\min} + \left(\frac{h}{2} + \frac{w}{18}\right)$$

$$= \text{trockene Gasmenge} + \text{Wasserdampf}$$

$$v_g = 0{,}061978 + (1{,}3436 - 0{,}21) \cdot 0{,}3365 + 0{,}025111$$

$$= 0{,}443233 + 0{,}025111 = 0{,}468344 \text{ Mol}$$

$$= 9{,}93 + 0{,}56 = 10{,}5 \text{ Ncbm}.$$

Zahlentafel 13. Heizwerttabelle.

Brennstoff	oberer Heizwert kcal		unterer Heizwert kcal	
	pro kg	pro ncbm	pro kg	pro ncbm
C	8080	—	8080	—
S	2230	—	2230	—
H_2	34100	3050	28700	2579
CO	2440	3050	2440	3050
CH_4	13250	9480	11900	8520
C_2H_2	12000	15040	11250	14080

Zahlentafel 14. Gastabelle.

Gasart	Zeichen	Atomzahl	Molekular-gewicht	Gewicht von 1 Ncbm in kg	Gas-konstante
Luft	—	—	28,95	1,293	29,27
Sauerstoff	O_2	2	32	1,429	26,50
Stickstoff	N_2	2	28,02	1,251	30,26
Wasserstoff	H_2	2	2,016	0,0898	420,6
Kohlenoxyd	CO	2	28,00	1,250	30,29
Kohlensäure	CO_2	3	44	1,977	19,27
Schweflige Säure	SO_2	3	64,07	2,927	13,24
Methan	CH_4	5	16,03	0,717	52,9
Äthylen	C_2H_4	6	28,03	1,261	30,25

Verbrennung von Gasen. Bei Gasen geht man von den gegebenen Raumteilen aus

$$CO' + H_2' + CH_4' + C_2H_4' + O_2' + N_2' + CO_2' = 1$$

pro ncbm Gas werden somit benötigt

$$O_{\min} = 0{,}5 \cdot (CO' + H_2') + 2\,CH_4' + 3\,C_2H_4' - O_2'.$$

Zahlentafel 15. Mittlere spezifische Wärmen bei konstantem Druck, bezogen auf 1 kg Gas zwischen 0° und t°.

Temperatur °C	Kohlensäure Schwefeldioxyd	Wasserdampf	Sauerstoff	Stickstoff Kohlenoxyd	Luft	Wasserstoff
0	0,202	0,462	0,218	0,249	0,241	3,445
100	0,209	0,464	0,219	0,251	0,242	3,467
200	0,217	0,466	0,221	0,252	0,244	3,490
300	0,225	0,468	0,222	0,254	0,246	3,512
400	0,232	0,470	0,224	0,255	0,247	3,534
500	0,238	0,473	0,225	0,257	0,249	$3{,}556_6$
600	0,243	0,476	0,226	0,259	0,250	3,579
700	0,248	0,479	0,228	0,260	0,252	3,601
800	0,253	0,484	0,229	0,262	0,253	3,624
900	0,257	0,490	$0{,}230_6$	0,264	0,255	3,646
1000	0,260	0,495	0,232	0,265	$0{,}256_5$	3,668
1100	0,263	0,500	$0{,}233_5$	0,267	0,258	$3{,}690_5$
1200	0,265	$0{,}506_5$	0,235	0,269	0,260	3,713
1300	0,268	0,513	0,236	$0{,}270_6$	0,261	3,735
1400	0,270	0,520	0,238	0,272	0,263	3,758
1500	0,273	0,527	0,239	0,274	0,264	3,780
1600	0,275	0,535	$0{,}240_5$	$0{,}275_6$	0,266	3,802
1700	0,278	0,544	0,242	0,277	0,267	3,824
1800	0,280	0,554	0,243	0,279	0,269	3,847
1900	0,282	0,566	0,245	$0{,}280_5$	$0{,}270_5$	3,869
2000	0,283	0,578	0,246	0,282	0,272	3,891
2100	0,284	0,590	0,248	0,284	0,273	3,914
2200	0,286	0,603	0,249	$0{,}285_6$	0,275	3,936
2300	0,288	0,616	0,250	0,287	0,277	3,958
2400	0,289	0,629	0,252	0,289	0,278	3,981
2500	0,290	0,642	0,253	$0{,}290_5$	0,280	4,003
2600	0,291	0,655	0,255	0,292	0,281	4,025
2700	$0{,}292_5$	0,669	0,256	0,294	0,283	4,047
2800	0,294	0,683	0,257	$0{,}295_5$	0,284	4,070
2900	0,295	0,698	0,259	0,297	0,286	4,092
3000	0,296	0,713	0,260	0,299	0,288	4,115

Zahlentafel 16. Wahre spezifische Wärmen bei konstantem Druck, bezogen auf 1 kg Gas bei t°.

0	0,202	0,462	0,218	0,249	0,241	3,445
100	0,215	0,465	0,221	0,252	0,244	3,490
200	0,230	0,470	0,224	$0{,}255_6$	0,247	3,534
300	0,244	0,475	0,226	0,259	0,250	3,579
400	0,275	0,481	0,229	0,262	0,253	3,624
500	0,268	0,489	0,232	$0{,}265_6$	$0{,}256_6$	3,668
600	0,275	0,499	0,235	0,269	0,260	3,713
700	0,282	0,509	0,238	0,272	0,263	3,758
800	0,289	0,512	$0{,}240_5$	$0{,}275_6$	0,266	3,802
900	0,293	0,535	0,244	0,279	0,269	3,847
1000	0,297	0,551	0,246	0,282	0,272	3,891
1100	0,300	0,572	0,249	$0{,}285_5$	0,275	3,936
1200	0,302	0,594	0,252	0,289	0,278	3,981
1300	0,305	0,619	0,254	0,292	0,281	4,025
1400	0,307	0,644	$0{,}257_5$	$0{,}295_5$	$0{,}284_5$	4,070

Zahlentafel 16 (Fortsetzung).

Temperatur °C	Kohlensäure Schwefeldioxyd	Wasser-dampf	Sauerstoff	Stickstoff Kohlenoxyd	Luft	Wasserstoff
1500	0,309	0,670	0,260	0,299	0,288	4,115
1600	0,411	0,696	0,263	0,302	0,291	4,159
1700	0,313	0,723	0,266	$0,305_5$	0,294	4,204
1800	0,315	0,750	0,269	0,309	0,297	4,249
1900	0,317	0,779	0,271	0,312	0,300	4,293
2000	0,319	0,808	0,274	$0,315_5$	0,303	4,338
2100	0,320	0,837	0,277	0,319	0,306	4,382
2200	0,322	0,865	0,280	0,322	0,309	4,427
2300	0,323	0,895	0,283	$0,325_5$	$0,312_5$	4,472
2400	0,325	0,924	0,285	0,329	$0,315_6$	4,516
2500	0,327	0,954	0,288	0,332	0,319	4,561
2600	0,329	0,984	0,291	$0,335_5$	0,322	4,606
2700	0,331	1,014	0,294	0,339	0,325	4,650
2800	0,333	1,044	0,297	0,342	0,328	4,695
2900	0,334	1,075	0,300	0,345	0,331	4,740
3000	0,336	1,105	0,302	0,349	0,334	4,784

Zahlentafel 17. Mittlere spezifische Wärmen bei konstantem Druck, bezogen auf 1 cbm Gas zwischen 0° und t°.

Temperatur °C	Kohlensäure Schwefeldioxyd	Wasserdampf	Sauerstoff, Stickstoff, Luft, Kohlenoxyd
0	0,397	0,372	0,312
100	0,410	0,373	0,314
200	0,426	0,375	0,316
300	0,442	0,376	0,318
400	0,456	0,378	0,320
500	0,467	0,380	0,322
600	0,477	0,383	0,324
700	0,487	0,385	0,326
800	0,497	0,389	0,328
900	0,505	0,394	0,330
1000	0,511	0,398	0,332
1100	0,517	0,402	0,334
1200	0,521	0,407	0,336
1300	0,526	0,413	0,338
1400	0,530	0,418	0,340
1500	0,536	0,424	0,342
1600	0,541	0,430	0,344
1700	0,546	0,438	0,346
1800	0,550	0,446	0,348
1900	0,554	0,455	0,350
2000	0,556	0,465	0,352
2100	0,558	0,475	0,354
2200	0,652	0,485	0,356
2300	0,566	0,495	0,358
2400	0,568	0,505	0,360
2500	0,570	0,516	0,362
2600	0,572	0,527	0,364
2700	0,574	0,538	0,366
2800	0,577	0,549	0,368
2900	0,579	0,561	0,370
3000	0,581	0,573	0,372

Zahlentafel 18. Wahre spezifische Wärmen bei konstantem Druck, bezogen auf 1 cbm Gas bei $t°$.

Temperatur °C	Kohlensäure Schwefeldioxyd	Wasserdampf	Sauerstoff, Stickstoff, Luft, Kohlenoxyd
0	0,397	0,372	0,312
100	0,422	0,374	0,316
200	0,452	0,378	0,320
300	0,479	0,382	0,324
400	0,505	0,387	0,328
500	0,527	0,393	0,332
600	0,547	0,401	0,336
700	0,558	0,409	0,340
800	0,568	0,419	0,344
900	0,576	0,430	0,348
1000	0,583	0,444	0,352
1100	0,589	0,460	0,356
1200	0,595	0,478	0,360
1300	0,599	0,498	0,364
1400	0,603	0,518	0,368
1500	0,607	0,539	0,372
1600	0,611	0,560	0,376
1700	0,615	0,582	0,380
1800	0,619	0,604	0,384
1900	0,623	0,627	0,388
2000	0,626	0,650	0,392
2100	0,629	0,673	0,396
2200	0,632	0,696	0,400
2300	0,634	0,720	0,404
2400	0,638	0,743	0,408
2500	0,642	0,767	0,412
2600	0,646	0,791	0,416
2700	0,650	0,816	0,420
2800	0,654	0,840	0,424
2900	0,657	0,865	0,428
3000	0,660	0,889	0,432

Zahlentafel 19. Mittlere spezifische Wärme für ein Mol zwischen den Temperaturen 0° und $t°$ (Mcp).

Temperatur $t°$	Stickstoff Sauerstoff Kohlenoxyd	Wasserdampf	Kohlensäure
0	6,98	8,25	8,67
100	7,01	8,32	9,19
200	7,03	8,39	9,64
300	7,06	8,46	10,01
400	7,09	8,54	10,32
500	7,11	8,61	10,58
600	7,14	8,69	10,79
700	7,17	8,77	10,97
800	7,20	8,86	11,13
900	7,23	8,95	11,28
1000	7,26	9,04	11,41
1100	7,29	9,13	11,54
1200	7,32	9,23	11,65

Zahlentafel 19 (Fortsetzung).

Temperatur $t°$	Stickstoff Sauerstoff Kohlenoxyd	Wasserdampf	Kohlensäure
1300	7,36	9,34	11,75
1400	7,39	9,45	11,84
1500	7,42	9,57	11,93
1600	7,46	9,69	12,01
1700	7,49	9,83	12,09
1800	7,52	9,97	12,16
1900	7,56	10,13	12,23
2000	7,59	10,29	12,29
2100	7,63	10,46	12,35
2200	7,66	10,63	12,41
2300	7,70	10,83	12,46
2400	7,73	11,04	12,51
2500	7,77	11,25	12,56
2600	7,80	11,49	12,60
2700	7,84	11,74	12,64
2800	7,88	12,00	12,68
2900	7,92	12,25	12,71
3000	7,95	12,52	12,74

Verbrennungsgase:

$$\begin{aligned} \text{Kohlensäure} &= CO_2' + CO' + CH_4' + 2\,C_2H_4' \\ \text{Wasser} &= H_2' + 2\,(CH_4' + C_2H_4') \\ \text{Sauerstoff} &= (\lambda - 1)\,O_{\min} \\ \text{Stickstoff} &= N_2' + 79/21 \cdot \lambda \cdot O_{\min}\,. \end{aligned}$$

Beispiel. Hochofengas

$CO' = 0{,}28$
$CO_2' = 0{,}08$
$H_2' = 0{,}04$
$N_2' = 0{,}60$

Kohlensäure $= 0{,}28 + 0{,}08$
Wasser $= 0{,}04$
Sauerstoff

$$= 0{,}3\left(\frac{0{,}28}{2} + \frac{0{,}4}{2}\right) = 0{,}048$$

Stickstoff $= 0{,}60$

$$\frac{79}{21} \cdot \lambda \cdot O_{\min} = \frac{79}{21} \cdot 1{,}3 \cdot 0{,}16 = 0{,}782$$

1,83 Ncbm

Der Heizwert ist angenähert nach der Verbandsformel oberer Heizwert

$$h_o = 8100 \cdot c + 29000 \cdot \left(h - \frac{o}{8}\right) + 2500 \cdot s\,;$$

unterer Heizwert

$$h_u = h_o - 600 \cdot w\,.$$

2. Wasserdampf.

Der Wärmeinhalt von Wasserdampf setzt sich aus den 3 Hauptbeträgen zusammen:

i_w = Flüssigkeitswärme,
i_d = Verdampfungswärme und
$i_ü$ = Überhitzungswärme.

Der Betrag i_w in den Dampftabellen bezieht sich auf Wasser von 0°. Man muß daher in den meisten Fällen die Flüssigkeitswärme des zur

Zahlentafel 20. Wärmeinhalt von 1 kg Dampf.

Dampfdruck in at. abs.	5	6	7	8	9	10	11	12	13	14	15	16	18	20
Sättigungs-temperatur	151	158	164	170	175	179	183	187	191	194	197	200	206	211
Wärmeinhalt des Sattdampfes	656	658	660	661	662	662	663	664	664	665	665	665	666	666
Überhitzungs-temperatur	Wärmeinhalt des über-													
210	686	685	684	683	681	680	679	677	676	674	673	671	668	—
220	691	690	689	688	686	685	684	683	682	681	679	678	675	672
230	696	695	694	693	692	691	690	689	688	686	685	684	681	679
240	702	701	699	698	697	696	695	694	693	692	691	690	688	685
250	707	705	704	703	702	701	700	699	698	697	696	996	694	691
260	712	710	709	709	708	707	706	705	704	703	702	701	700	698
270	716	715	714	714	713	712	711	710	709	709	708	707	706	704
280	721	720	720	719	718	717	716	716	715	714	713	712	711	710
290	726	725	724	724	723	722	722	721	720	719	719	718	717	715
300	731	730	729	729	728	727	726	725	724	724	724	723	722	721
310	736	735	734	733	733	732	731	731	730	730	729	729	728	726
320	741	740	739	739	738	737	737	736	736	735	735	734	733	732
330	746	745	744	744	743	743	742	741	741	740	740	740	739	737
340	751	750	749	749	748	748	747	746	746	746	745	745	744	743
350	756	755	754	754	753	753	752	752	751	751	750	750	749	748
360	760	760	759	759	758	758	757	757	756	756	755	755	754	753
370	765	765	764	764	763	763	762	762	762	761	761	760	760	759
380	770	770	769	769	768	768	767	767	767	767	766	766	765	764
390	775	775	774	774	773	773	772	772	772	772	771	771	770	769
400	780	780	779	779	778	778	777	777	777	777	776	776	775	775
410	785	785	784	784	783	783	783	782	782	782	782	781	781	780
420	790	790	789	789	789	789	788	788	787	787	787	786	785	785
430	795	795	794	794	794	793	793	792	792	792	792	791	791	790
440	800	800	799	799	799	799	798	798	798	798	797	797	796	796
450	805	805	805	804	804	804	803	803	803	803	803	802	801	801

Dampferzeugung zur Verfügung stehenden Wassers von der Summe abziehen, um die Erzeugungswärme zu erhalten. Es genügt, hierbei für technische Zwecke die spezifische Wärme = 1 zu setzen, und man erhält

$$E = i_w + i_d + i_ü - w_1 .$$

Für den technischen Gebrauch ist die nachfolgende Dampftabelle auf Grund der Versuche von Knoblauch, Raisch, Hausen zusammengestellt.

Anhang 2.

Richtlinien für die Anforderungen an den Werkstoff und Bau von gußeisernen Abgasspeisewasservorwärmern.

Für die Mitglieder der Vereinigung der Großkesselbesitzer als Grundlage für die Bestellung, Materialabnahme und Bauüberwachung neu zusammengestellt im Dezember 1927.

I. Allgemeines.

Jeder Vorwärmer muß in bezug auf Werkstoff, Ausführung und Ausrüstung den zur Zeit des Baues anerkannten Regeln der Wissenschaft und Technik ent-

(Nach Knoblauch, Raisch, Hausen.)

22	24	26	28	30	32	34	36	38	40	42	44	46	48	50	55	60
216	221	225	229	233	236	240	243	246	249	252	255	258	260	263	269	274
666	667	667	667	667	667	667	667	667	666	666	666	666	666	666	666	665

hitzten Dampfes in kcal

—	—	—	—	—	—	—	—	—	—	—	—	—	—	—	—	—
670	666	—	—	—	—	—	—	—	—	—	—	—	—	—	—	—
676	674	671	668	—	—	—	—	—	—	—	—	—	—	—	—	—
683	681	678	676	673	670	667	—	—	—	—	—	—	—	—	—	—
690	687	585	683	680	679	677	674	671	668	—	—	—	—	—	—	—
696	694	692	690	688	687	685	683	681	678	675	673	670	666	—	—	—
702	701	699	697	695	694	692	690	688	687	684	683	680	677	676	668	—
708	707	705	703	702	701	699	697	696	695	693	691	690	688	686	680	675
714	713	711	710	708	707	706	704	703	702	701	700	697	695	693	690	685
720	718	717	716	715	714	713	711	710	709	708	707	705	704	703	698	695
725	724	723	722	721	720	718	718	717	715	714	713	712	710	709	705	703
731	730	728	727	726	725	724	723	722	722	721	719	718	717	716	713	710
736	735	734	733	732	731	730	729	728	728	727	726	725	724	723	720	718
742	741	740	739	738	737	736	735	734	734	733	732	731	730	729	727	725
747	746	745	744	743	742	742	741	740	739	738	737	737	736	736	734	732
753	752	751	750	749	748	747	747	746	746	745	744	743	743	742	740	738
758	757	756	755	755	754	753	752	752	751	750	750	749	749	748	746	745
763	763	762	761	760	759	758	758	757	757	756	755	755	754	753	752	750
769	768	767	766	766	765	764	763	763	762	762	761	760	760	759	758	756
774	773	772	772	771	770	769	769	768	768	767	767	766	766	765	763	762
780	779	779	778	777	776	775	775	774	773	773	772	771	771	770	769	768
784	784	783	782	782	781	781	780	779	778	778	778	777	777	776	775	774
790	789	788	788	787	787	786	786	785	785	784	783	783	783	782	781	780
795	795	794	793	792	792	791	791	790	790	789	789	788	788	788	787	786
801	800	800	799	798	797	796	797	796	795	795	795	794	794	793	792	791

sprechen. Die Verantwortlichkeit für die Güte des verwendeten Werkstoffes, für die Konstruktion und für die Ausführung des Vorwärmers trägt innerhalb der gesetzlichen Grenzen der Hersteller, hierbei ist vorausgesetzt, daß der Vorwärmer mit seinen Ausrüstungsteilen sachgemäß bedient und instand gehalten wird.

Maßgebend für die Wahl der Bauart und des Werkstoffes für Vorwärmer sind hauptsächlich:

Betriebsdruck,
Ein- und Austrittstemperatur des Speisewassers,
Ein- und Austrittstemperatur der Abgase,
Chemische Zusammensetzung des Speisewassers,
Chemische Zusammensetzung der Abgase,
Brennstoff und Zugverhältnisse.

Hinsichtlich des Betriebsdruckes ist der Verwendung des Gußeisens durch seine Festigkeitseigenschaften eine Grenze gezogen. Andererseits ist Rauchgasen gegenüber, die aus stark schwefelhaltigem Brennstoff stammen, ein hochwertiges, dichtes Gußeisen widerstandsfähiger als Flußstahl. Das gleiche gilt, wenn die Eintrittstemperatur des Speisewassers unterhalb des Taupunktes der Abgase liegt, oder wenn das Wasser korrosive Eigenschaften besitzt.

Für die Auswahl des Werkstoffes sind ferner die im Betriebe auftretenden höchsten Wandungstemperaturen von Bedeutung. Es ist daher ein Werkstoff mit möglichst geringer Neigung zum Wachsen zu wählen.

Da die einzelnen Teile gußeiserner Vorwärmer, namentlich die Rohre, nach verschiedenen Verfahren gegossen werden und ihre verschiedenen Festigkeitseigenschaften die Berechnungsgrundlage für den Konstrukteur bilden, so ist neben der Güteklasse die Gußeisenart der Einzelteile jeweils vor der Abnahme festzustellen bzw. vom Lieferer durch Werksbescheinigung anzugeben.

Die Abnahme des Werkstoffes kann auf Wunsch des Bestellers durch einen von diesem beauftragten Sachverständigen erfolgen.

II. Werkstoff[1].

II A. Allgemeines.

a) Zur Sammlung von Erfahrungen wird dem Abnahmebeamten empfohlen, die Analyse der Schmelze zu verlangen. Besonders wünschenswert ist eine chemische Analyse aus den Bruchstücken der Probestäbe, namentlich hinsichtlich des P- und S-Gehaltes. Wertvoll ist auch die metallographische Untersuchung.

b) Sämtliche Glatt- und Rippenrohre und Verbindungskrümmer sind zwecks Prüfung der Festigkeit und Dichtheit mit trockener Außenfläche einem Wasserdruckversuch von 100 at und einer sorgfältigen Besichtigung nach der Druckprobe zu unterwerfen.

Quer- und Sammelkästen werden am fertig zusammengebauten Register einem Wasserdruckversuch unterworfen (vgl. III A e).

c) Rohre von 4200 mm Länge dürfen keine größere Abweichung von der mittleren Geraden als 5 mm aufweisen. Bei anderen Rohrlängen ist die zulässige Abweichung von der Geraden entsprechend zu begrenzen.

d) Die Festigkeitseigenschaften des Werkstoffes sind an Probekörpern zu ermitteln, die horizontal in Verbindung mit dem zu prüfenden Stück gegossen sind (Einlauf des Gußstückes oder gleichartig angeordnete Stücke).

Die Angüsse für die Probestäbe sind an allen Gußstücken vorzusehen und fortlaufend gleichlautend mit den Gußstücken zu bezeichnen. Der Nachweis der Zusammengehörigkeit ist erforderlich.

e) Aus diesen Probekörpern sind mindestens je 3% für Zerreiß- und Biegeversuche auszuwählen und aus ihnen Probestäbe herauszuarbeiten und zu prüfen.

Ergibt sich hierbei, daß die Hälfte oder mehr der Proben den Anforderungen nicht entsprechen, so ist die Prüfung an weiteren 3% zu wiederholen. Hierbei müssen alle Proben den Anforderungen entsprechen, andernfalls ist die Bestellerin berechtigt, die zur Abnahme vorgelegten Stücke zurückzuweisen.

f) Auf Wunsch des Bestellers können auch aus fertigen Gußstücken nach dem Ermessen des Sachverständigen zur Feststellung der Festigkeitseigenschaften, des Gefüges und besonderer Eigenschaften Probestäbe entnommen werden.

g) Die Härte der Oberfläche der Gußteile wird durch Feilprobe geprüft. Im Zweifelsfall sind Kugeldruckproben auszuführen.

II B. Abmessungen.

a) Sämtliche Teile sind hinsichtlich der für den Zusammenbau wichtigsten Abmessungen an Hand der zugehörigen Werkzeichnungen zu prüfen.

b) Auf die Feststellung der Wanddicke ist besonderer Wert zu legen. Sie darf bei allen Vorwärmerteilen an keiner Stelle mehr als 15% unter dem Sollmaße sein.

c) Bei Glattrohren darf der Außendurchmesser um höchstens 2% größer als das vorgeschriebene Maß sein.

II C. Anforderungen.

a) Die Oberfläche der Gußteile muß allseitig von Formsand, Kernsand usw. gereinigt werden und von allen Unebenheiten, die ihren Gebrauch beeinträchtigen,

[1] Über die Bewährung der in den letzten Jahren im Vorwärmerbau angewendeten Sondergußarten liegen zur Zeit nur geringe Erfahrungen vor. Es ist deshalb dringend erforderlich, solche Erfahrungen zu sammeln. Die VGB bittet daher, die bei den Abnahmen festgestellten Werte durch Übersendung einer Abschrift des Abnahmeprotokolls der Geschäftsstelle der VGB bekanntzugeben.

befreit sein. Das Ausbessern von Fehlstellen (Schönheitsfehler) durch Schweißen, Angießen usw. und sonstiges Flicken ist nur an wenig beanspruchten Stellen und nur im Einverständnis mit dem Besteller statthaft.

b) Die Gußteile müssen innen und außen eine möglichst glatte Oberfläche haben, um außen das Ansetzen von Flugasche, innen das Ansetzen von Gasbläschen nach Möglichkeit zu verhindern.

c) Der Guß muß lunkerfrei, Poren dürfen nur unerheblich sein.

d) Zur Feststellung poröser Stellen und Lunker, die nicht selten dicht unter der Oberfläche sitzen, muß die Oberfläche mechanisch gereinigt werden, z. B. mit dem Sandstrahlgebläse; verdächtige Stellen sind abzuklopfen.

e) Zur weiteren Prüfung der Dichtheit und Porenfreiheit des Gusses von Glattrohren können ferner von den zur Verwendung gelangenden Rohren 2% durch Abdrehen untersucht werden. Ergibt sich hierbei, daß die Hälfte oder mehr dieser Rohre Lunkerstellen oder erhebliche Poren aufweisen, so ist die Prüfung an weiteren 2% zu wiederholen. Bei nochmaligem ungünstigen Ausfall der Prüfung ist die Bestellerin berechtigt, die zur Abnahme vorgelegten Rohre als den Anforderungen nicht entsprechend zurückzuweisen.

f) Bei jeder Lieferung sind für die gewählten Probestäbe die Güteziffern zu vereinbaren. Als Grundlage für die Güteklassen gilt Dinorm 1691.

Güteklassen (nach DIN 1691, DIN-Mitteilungen vom 5. Mai 1927).

Bezeichnung	Zugfestigkeit kg/qmm	Biegefestigkeit kg/qmm	Durchbiegung mm
Ge 18. 91	18	34	10
Ge 22. 91	22	40	10
Ge 26. 91	26	46	10

Die Werte für die Biegefestigkeit und Durchbiegung beziehen sich auf den Normalstab von 600 mm Auflagelänge und 30 mm Durchmesser, unbearbeitet.

g) Die Kugeldruckhärte soll bei $P = 750$ kg und einem Kugeldurchmesser von 5 mm den Wert von 240 nicht überschreiten.

h) Von vorstehenden Festigkeitsprüfungen kann der Abnahmebeamte vorläufig bei Schleudergußrohren Abstand nehmen, wenn die Rohre den unter II A b erwähnten Wasserdruckversuch und bei der Prüfung der Oberfläche die Feilprobe bestehen, sowie im Zweifelsfalle keine größere Brinellhärte als 240 aufweisen. Darüber hinaus wird dem Abnahmebeamten empfohlen, aus größeren Lieferungen Rohre stichprobenweise auszuwählen und aus diesen Probestäbe für Zug- und Biegeversuche herauszuarbeiten.

i) Es empfiehlt sich, den P-Gehalt des Werkstoffes auf 0,75% zu begrenzen.

II D. Zubehörteile.

Bei Schrauben für Vorwärmer mit einem Betriebsdruck bis 20 at gelten die Bestimmungen für Werkstoff St. 38. 13 nach DIN 1613. Für Schrauben zu Vorwärmern mit höherem Betriebsdruck empfiehlt sich die Wahl von Schraubenmaterial höherer Festigkeit und Qualität, z. B. St. 44. 12 nach DIN 1612 mit einer Festigkeit von 44—52 kg/qmm[1]. Die Prüfung geschieht durch Stichproben nach dem Ermessen des Sachverständigen.

III. Bauausführung.

III A. Allgemeines.

a) Bei der Herstellung von gußeisernen Vorwärmern ist ebensosehr auf die Widerstandsfähigkeit der einzelnen Bauteile gegen Bruch als auf die Haftfestigkeit der zusammengebauten Elemente gegen Herausziehen der Rohre aus den Sammelkästen größter Wert zu legen.

[1] Bei dem zu verwendenden Schraubenmaterial für Stierlevorwärmer beträgt die Streckgrenze über 37 kg/qmm, die Bruchfestigkeit mindestens 60 kg/qmm, die Dehnung über 18%, gemessen bei $L = 10d$.

Der Konstrukteur hat bei der Wahl der Bauart auf die Ausdehnungsmöglichkeit des fertig zusammengebauten Vorwärmers Rücksicht zu nehmen.

b) Bei dem Zusammenbau dürfen Längendifferenzen nicht durch starkes Dichtungsmaterial ausgeglichen werden.

c) Die Lagerung des Vorwärmers muß so gewählt und ausgeführt sein, daß keine Durchbiegungen oder Veränderungen in der Lage, selbst nach längerer Betriebszeit, entstehen.

d) Sämtliche Deckel und Verschlüsse sind aus Werkstoff herzustellen, der dem Werkstoff der Vorwärmer gleichwertig ist.

e) Alle Teile sind vor und nach dem Zusammenbau in der Werkstatt noch einmal gründlich auf Fehler nachzuprüfen. Die einzelnen Register sind mit dem doppelten Kesselbetriebsdruck, mindestens aber mit 50 at abzudrücken.

f) Nach der Montage muß der fertige Vorwärmer vor Inbetriebnahme noch einmal einem Wasserdruckversuch unterworfen werden. Die Höhe dieses Druckes beträgt $p_1 = 1{,}3\,p + 10$, wobei p der Kesselbetriebsdruck ist.

Bei Stufenvorwärmern sind die nicht unmittelbar auf den Kessel arbeitenden Stufen mit einem Druck von $p_2 = 1{,}3\,p_s + 10$ abzudrücken, wobei p_s der voraussichtliche Betriebsdruck der betreffenden Stufe ist.

III B. Herstellung.

Da Gußeisen der Güteklasse 18. 91 wegen seiner Eigenschaften geringere Widerstandsfähigkeit besitzt, so ist seine Verwendung für höhere Drücke nicht zu empfehlen.

1. Glattrohrvorwärmer.

a) Bei Glattrohrvorwärmern ist Verankerung der Elemente zu empfehlen. Bei Kesselbetriebsdrücken über 20 at ist Verankerung der Elemente erforderlich. Hierbei ist auf zweckmäßige Anordnung der Anker und auf das Verhalten derselben bei Erwärmung zu achten. Bei Stufenvorwärmern ist diese Bestimmung sinngemäß anzuwenden.

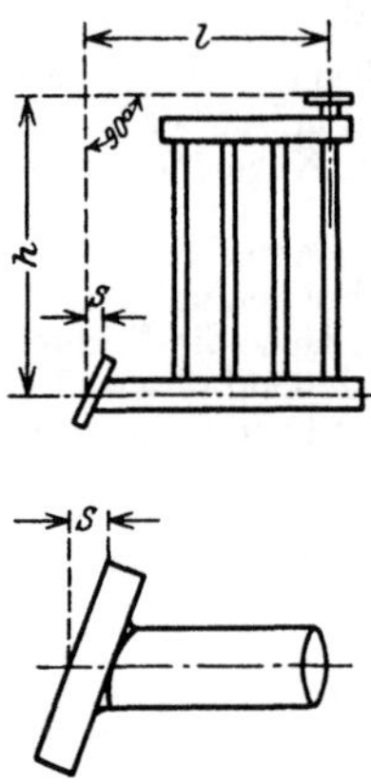

Abb. 116.

b) Sämtliche Konusse in den Ober- und Unterteilen sowie an den Rohren sind vor dem Zusammenbau auf ihre Gleichmäßigkeit durch Aufschieben von Kalibern auf das obere und untere Ende der Rohre zu prüfen. Bei gutem Sitz beider Kaliber soll der Abstand derselben an allen Rohren vom Sollmaß höchstens $\pm 1{,}5$ mm abweichen.

c) Die Bundflächen der Einpreßstellen der Ober- und Unterkästen sind zu bearbeiten und müssen in einer Ebene liegen, die senkrecht zu den Konusachsen steht. In den konischen Sitzen darf die Abweichung vom Sollsitz der Kaliber nicht mehr als ± 1 mm betragen.

d) Vor dem Einpressen der Rohre sind die bearbeiteten Flächen der Einpreßstellen der Ober- und Unterkästen sorgfältig blank zu machen und nach dem Einpressen genau auf etwa entstandene Haarrisse zu prüfen.

e) Bei Vorwärmern, welche keine elastische Verbindung mit den Sammelkästen haben, darf die Bauhöhe h (s. Skizze) der einzelnen Glieder nicht mehr als 2,5 mm, die Halslänge l nicht mehr als 1 mm, die Winkelentfernung s nicht mehr als 0,3 mm von der Soll-Länge abweichen.

2. Rippenrohrvorwärmer.

a) Die Rippen sollten zur Erzielung eines guten Wärmeüberganges und zur Vermeidung von Schmutzecken an der Wurzel genügend abgerundet sein. Rippenstege sind zu vermeiden. Der Abstand der Rippen sollte wegen der Reinigungsmöglichkeit und des Zugverlustes nicht zu klein gewählt werden.

b) Um zusätzliche Spannungen durch Zusammenbau ungleicher Teile zu vermeiden, soll für die Einhaltung der vorgeschriebenen Länge der fertig bearbeiteten Rohre nur eine Toleranz von $\pm 0{,}2$ mm zugelassen werden.

c) Die Dichtungsflächen der Flansche müssen parallel und genau bearbeitet sein.

d) Die Flansche an den beiden Enden jedes Rohres dürfen gegeneinander nicht verdreht oder versetzt sein. Ihre Kanten müssen vielmehr parallel laufen und ihre Flächen an beiden Enden senkrecht zur Rohrmittelachse stehen.

e) Die Löcher in den Rohr- und Krümmerflanschen sind nach Schablonen zu bohren, so daß eine Auswechselbarkeit der Krümmer ohne Nacharbeit gewährleistet ist. Die Lage und Stellung der eingesetzten Stiftschrauben ist mittels Schablone nachzuprüfen. Falls zur Verbindung der Krümmer mit den Rohren Stiftschrauben verwendet werden, so sind diese so einzusetzen, daß sie sich beim Lösen der Muttern nicht herausdrehen.

III C. Ausrüstungsteile.

a) Speiseregelung.

Durch entsprechende Anordnung der Ausrüstungsteile ist dafür zu sorgen, daß kein unzulässig hoher Druck im Vorwärmer auftreten kann.

Bei gemeinschaftlichem Vorwärmer für mehrere Kessel ist die Speiseregelung so auszubilden, daß ein Steigen des Druckes im Vorwärmer um über 25% über den Kesseldruck vermieden wird, zum Beispiel kann bei gewichtsbelasteten Rückschlagventilen die Speisung durch Ent- oder Belasten dieses Ventils geregelt werden.

Beim Einzelvorwärmer ist die Speisung möglichst vor Eintritt des Speisewassers in den Vorwärmer zu regeln.

b) Sicherheitsventil.

Zum Schutze des Vorwärmers gegen zu hohen Überdruck ist ein Sicherheitsventil (Überdruckventil) von genügender Größe anzuordnen, welches bei einem Überdruck von über 25% über die festgesetzte höchste Kesselspannung abzublasen beginnt.

c) Entwässerung, Entlüftung.

Der Vorwärmer ist mit den erforderlichen Entwässerungsvorrichtungen auszurüsten. Bei einer Bauart, die Luftansammlungen zuläßt, ist für ausreichende Entlüftungsmöglichkeit zu sorgen.

d) Kontrollinstrumente.

Einblick in die Betriebsvorgänge und die Wirtschaftlichkeit des Vorwärmers ermöglicht der Einbau von Manometern mit Schleppzeigern und Kontrollflansch und Instrumenten zur Messung der Ein- und Austrittstemperatur des Speisewassers und der Abgase. Empfohlen wird die Aufzeichnung der Reglerkurve und der Speisewassermenge.

e) Feuerzüge.

Für ausreichende Befahrbarkeit der Feuerzüge zur Reinigung und Untersuchung des Vorwärmers ist zu sorgen.

f) Reinigungsöffnungen.

Die Reinigung der wasserberührten Flächen des Vorwärmers ist durch zweckentsprechende Einrichtungen zu ermöglichen.

g) Zugregelung.

Zur Regelung des Zuges und, wo erforderlich, zur Ausschaltung des Vorwärmers aus dem Heizgasstrom sind Absperrvorrichtungen in sachgemäßer Weise vorzusehen.

Anhang 3.

Richtlinien für die Anforderungen an den Werkstoff und Bau von Rauchgasvorwärmern.

Aufgestellt vom Unterausschuß für Vorwärmerfragen des bei dem Verein Deutscher Ingenieure bestehenden Ausschusses für Dampfkesselwesen.

A. Allgemeines.

1. Jeder Vorwärmer muß in bezug auf Werkstoff, Ausführung und Ausrüstung den zur Zeit des Baues anerkannten Regeln der Wissenschaft und Technik entsprechen. Die Verantwortlichkeit für die Güte des verwendeten Werkstoffes, für

die Konstruktion und für die Ausführung des Vorwärmers trägt innerhalb der gesetzlichen Grenzen der Hersteller; hierbei ist vorausgesetzt, daß der Vorwärmer mit seinen Ausrüstungsteilen sachgemäß bedient und instand gehalten wird.

2. Maßgebend für Bauart und Werkstoff (Gußeisen, Flußstahl) der Vorwärmer sind hauptsächlich

Betriebsdruck,
Ein- und Austrittstemperatur des Speisewassers,
Ein- und Austrittstemperatur der Abgase,
chemische Zusammensetzung des Speisewassers,
chemische Zusammensetzung der Abgase,
Brennstoff und Zugverhältnisse.

3. Bei gußeisernen Vorwärmern ist die Güteklasse der einzelnen Teile, namentlich der Rohre, jeweils vor der Abnahme festzustellen bzw. vom Lieferer durch Werkbescheinigung anzugeben; daneben empfiehlt es sich, zur Sammlung von Erfahrungen auch die Gußeisenart mit anzugeben.

B. Werkstoff.

I. Gußeisen.

1. Allgemeines.

a) An Gußeisen werden folgende Anforderungen gestellt:

Güteklassen (nach DIN 1691).

Bezeichnung	Mindestfestigkeit kg/qmm	Biegefestigkeit kg/qmm	Durchbiegung mm mindestens
Ge 18.91	18	(34)	(7)
Ge 22.91	22	(40)	(8)
Ge 26.91	26	(46)	(8)

b) Zur Untersuchung der Festigkeit dienen Zugversuche und Biegeversuche[1]. Für Prüfung der Versuchseinrichtungen gilt DIN 1604, für den Ort der Versuche DIN 1603.

Die unter a) angegebenen Werte für die Mindestzugfestigkeit gelten für einen angegeossenen Probestab, dessen Durchmesser der mittleren Wanddicke des Gußstücks angepaßt ist. Die Gußhaut ist durch Abdrehen herunterzuarbeiten. (Diese Angaben gelten nur so lange, bis die beim Deutschen Verband für die Materialprüfungen der Technik [DVM] in Arbeit befindlichen endgültigen Bestimmungen vorliegen.)

Die unter a) angegebenen Werte für Biegefestigkeit und Durchbiegung gelten nur vorläufig und nur für den getrennt gegossenen Biegestab von 30 mm Durchmesser und 600 mm Stützweite. (Diese Stabform ist jedoch noch nicht endgültig; ihre endgültigen Abmessungen hängen von den mit dem vorläufigen Stab gesammelten Erfahrungen ab.) Der Stab wird in unbearbeitetem Zustande geprüft.

c) Sämtliche glatten und gerippten Rohre sowie die verbindenden Krümmer sind zur Prüfung der Festigkeit und Dichtheit einem Wasserdruckversuch mit 100 kg/qcm Druck zu unterwerfen; der Druck ist während der Dauer einer sorgfältigen Besichtigung aufrechtzuerhalten.

d) Rohre von 4200 mm Länge dürfen keine größeren Abweichungen als 5 mm von der Geraden (Sehne zwischen den Mittelpunkten der beiden Rohrenden) haben.

Bei anderen Rohrlängen ist die zulässige Abweichung von der Geraden entsprechend zu begrenzen.

e) Auch aus fertigen Gußstücken können von dem Sachverständigen auf Verlangen und auf Kosten des Bestellers zur Feststellung der Festigkeitseigenschaften,

[1] Von diesen Festigkeitsprüfungen kann der Sachverständige bei Schleudergußrohren vorläufig Abstand nehmen, wenn die Rohre den unter c) aufgeführten Druckversuch mit 100 kg/qcm Druck bestehen.

des Gefüges und besonderer Eigenschaften Probestäbe entnommen werden. Die Entnahmestelle ist mit dem Hersteller zu vereinbaren.

f) Die Härte der Oberfläche der Gußteile wird durch Feilversuch geprüft. Im Zweifelsfalle sind Kugeldruckversuche nach DIN 1605 auszuführen. Die Kugeldruckhärte soll bei $P = 759$ kg und einem Kugeldurchmesser von 5 mm den Wert von 240 nicht überschreiten.

2. Äußere und innere Beschaffenheit.

a) Die Oberfläche der Gußstücke muß allseitig von angebranntem Formsand und Kernsand gereinigt und von allen Unebenheiten, die den Gebrauch beeinträchtigen, befreit sein. Angüsse, Steiger, Gußnähte oder sonstige überflüssige Anhängsel am Gußstück sind zu beseitigen.

b) Das Ausbessern von Fehlstellen (Schönheitsfehlern) durch Schweißen, Angießen usw. und sonstiges Flicken darf den Gebrauchswert des Gußstückes zweifellos nicht beeinträchtigen und ist nur im Einverständnis mit dem Besteller (Abnahme) zulässig.

c) Der Guß muß lunkerfrei und möglichst porenfrei sein.

d) Zur Feststellung der Dichtheit und Porenfreiheit des Gusses kann auf Verlangen und auf Kosten des Bestellers das Sandstrahlgebläse angewandt werden. Bei Glattrohren können statt dessen von den zur Verwendung gelangenden Rohren 2% durch Abdrehen untersucht werden. Ergibt sich hierbei, daß die Hälfte oder mehr der untersuchten Rohre Lunkerstellen oder Poren aufweist, so ist die Prüfung an weiteren 2% zu wiederholen. Bei nochmaligem ungünstigen Ausfall der Prüfung gelten die Rohre als den Anforderungen nicht entsprechend.

3. Abmessungen.

a) Sämtliche Teile sind hinsichtlich der wichtigsten Abmessungen an Hand der zugehörigen Werkzeichnungen genau zu prüfen.

b) Auf die Feststellung der Wanddicke ist besonders Wert zu legen.

c) Bei Glattrohren darf der Außendurchmesser um höchstens 2% größer als das vorgeschriebene Maß sein.

d) Die Wanddicke aller Vorwärmerteile darf an keiner Stelle das vorgeschriebene Maß von mehr als 20% unterschreiten.

II. Flußstahl.

Für die Anforderungen an den Werkstoff flußstählerner Vorwärmer und seine Prüfung gelten die Werkstoffvorschriften für Landdampfkessel.

III. Zubehörteile.

Für die Güte und Prüfung der zu Vorwärmern verwendeten Schrauben gelten die entsprechenden Werkstoff- und Bauvorschriften für Landdampfkessel.

C. Bauausführung.

I. Allgemeines.

Bei der Herstellung ist ebensosehr auf die Widerstandsfähigkeit der einzelnen Bauteile gegen Bruch, als auch auf die Festigkeit der zusammengebauten Elemente gegen Herausziehen der Rohre aus den Sammelkästen größter Wert zu legen.

Der Konstrukteur hat bei Wahl der Bauart auf die Ausdehnungsmöglichkeit des fertig zusammengebauten Vorwärmers Rücksicht zu nehmen.

Für die Längen der Rohre, Ausbildung der Kegel und der Flansche sind nur geringe Toleranzen zuzulassen. Bei dem Zusammenbau dürfen Längenunterschiede nicht durch dickes Dichtmaterial ausgeglichen werden.

Der Vorwärmer muß so gelagert sein, daß keine Durchbiegungen oder Veränderungen in der Lage, selbst nach längerer Betriebszeit, entstehen.

Alle Teile sind vor und nach dem Zusammenbau in der Werkstatt noch einmal gründlich auf Werkstoffehler nachzuprüfen; die einzelnen Elemente sind mit doppeltem Kesselbetriebsdruck, mindestens aber mit 50 kg/qcm Wasserdruck abzupressen.

Nach dem Zusammenbau ist der fertige Vorwärmer vor Inbetriebsetzung einem Wasserdruckversuch mit dem Druck $p_1 = (1{,}3p + 10)$ kg/qcm zu unterwerfen, wobei p der Kesselbetriebsdruck ist. Bei Stufenvorwärmern sind die nicht unmittelbar auf den Kessel, sondern mit einem niedrigeren Druck arbeitenden Stufen mit dem Druck $p_2 = (1{,}3p_s + 10)$ kg/qcm abzudrücken, wobei p_s gleich dem voraussichtlichen Betriebsdruck der betreffenden Stufe zu wählen ist.

II. Herstellung.

Gußeisen Ge 18.91 ist wegen seiner geringen Widerstandsfähigkeit bei Kesselbetriebsdrücken über 25 kg/qcm nicht zu empfehlen.

1. Gußeiserne Glattrohrvorwärmer.

1. Bei Kesselbetriebsdrücken über 25 kg/qcm sollten die Elemente verankert werden. Bei Stufenspeisung ist diese Forderung sinngemäß anzuwenden. Hierbei ist auf zweckmäßige Anordnung der Anker und auf das Verhalten derselben bei Erwärmung zu achten.

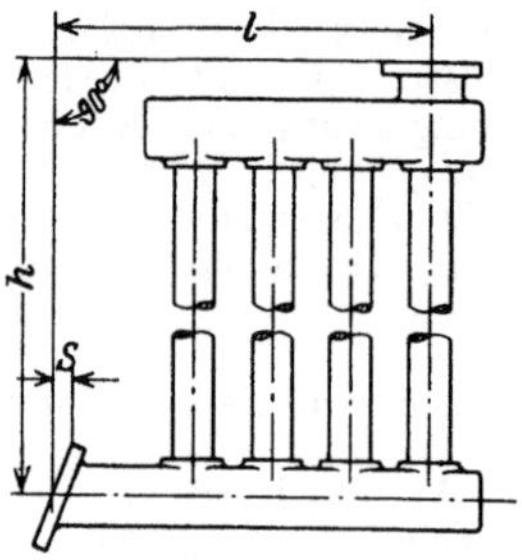

Abb. 117.

2. Sämtliche Kegel in den Ober- und Unterteilen sowie an den Rohren sind vor dem Zusammenbau auf ihre Gleichmäßgikeit durch Aufschieben von Kalibern auf das obere und untere Ende der Rohre zu prüfen. Bei gutem Sitz beider Kaliber darf ihr Abstand an allen Rohren vom Sollmaß höchstens $\pm 1{,}5$ mm abweichen. Auf die Innehaltung der Sollmaße in den Ober- und Unterteilen ist besonderer Wert zu legen.

3. Bei Vorwärmern, welche keine elastische Verbindung mit den Sammelkästen haben, dürfen die Bauhöhe h (siehe Skizze) der einzelnen Glieder nicht mehr als 2,5 mm, die Halslänge l nicht mehr als 1 mm, das Maß s nicht mehr als $\pm 0{,}3$ mm von der Sollänge abweichen.

2. Gußeiserne Rippenrohrvorwärmer.

1. Damit zusätzliche Spannungen durch Zusammenbau ungleicher Teile vermieden werden, soll bezüglich der vorgeschriebenen Länge der fertig bearbeiteten Rohre eine Toleranz von $\pm 0{,}2$ mm innegehalten werden.
2. Die Dichtflächen der Flansche müssen parallel und genau bearbeitet sein.
3. Die Flansche an den beiden Enden jedes Rohres dürfen nicht gegeneinander verdreht oder versetzt sein; ihre Kanten müssen vielmehr parallel laufen.

Anhang 4.

Studienprogramm der Vereinigung der Großkesselbesitzer E. V.

zur Prüfung des Werkstoffes von gußeisernen Vorwärmern.

Das nachstehende Studienprogramm ist an Vorwärmerteilen durchzuführen, welche anläßlich der Bestellung neuer Vorwärmer oder der Bestellung von Vorwärmer-Ersatzteilen als überzählige Reservestücke mitzuliefern sind. Diese Reservestücke sollen von beauftragten Abnahmebeamten aus der ganzen Lieferung willkürlich ausgewählt und gekennzeichnet werden. Es knmmen normal je 2 gleiche Vorwärmerteile in Frage, von denen zur Untersuchung je 1 Stück an die Materialprüfungsanstalt Stuttgart oder an das Staatl. Materialprüfungsamt Dahlem, und je das zweite Stück zur Reserve an den Besteller geliefert wird.

A. Allgemeine Angaben des Abnahmebeamten.

1. Kesselbetriebsdruck.
2. Bauart des Vorwärmers nebst Zeichnung.

3. Gußeisenart der einzelnen Teile des Vorwärmers.
4. Analyse des Gußeisens der einzelnen Teile.
5. Art der Kennzeichnung der Stücke, Abdruck des Stempels.
6. Lage des Rohres beim Guß, durch Skizze zu veranschaulichen.

B. Prüfung der mechanischen Eigenschaften.

1. Zugversuche an jedem Stück mit einer hinreichend großen Zahl von Probestäben

a) aus liegend angegossenen Probekörpern: von beiden Flanschen der Rippenrohre und Ober- und Unterkästen, Sammelstücken, Krümmern;

b) aus dem Einlauf bei Rippenrohren;

c) aus dem Gußstück selbst herausgearbeitet: Rippenrohre, Krümmer, Schleuderrohre, Ober- und Unterkästen, Sammelstücke.

Da für gewöhnlich genügend Material zur Herausarbeitung von Probestäben aus dem Gußstück zur Verfügung stehen wird, so sollen auch aus solchen Probestäben in einigen Fällen Warm-Zugversuche bis ca. 400° vorgenommen werden.

2. Biegeversuche von jedem Stück

a) mit liegend angegossenem Normal-Probestab (ca. 650 mm lang, 30 mm Ø, 600 mm Auflagelänge, unbearbeitet): Einlauf von Rippenrohren, Ober- und Unterkästen, Sammelstücke;

b) mit Probestab kleinerer Abmessung, herausgearbeitet aus dem Normal-Biegestab, der unter a) verwendet ist (Länge 170 mm, 15 mm Ø, 150 mm Auflagefläche, bearbeitet);

c) mit an anderer Stelle liegend angegossenem Probestab in den Abmessungen wie unter b): Flansch der Rippenrohre, Einlauf der Rippenrohre, Ober- und Unterkästen, Sammelstücke, Krümmer;

d) mit Probestäben aus dem Gußstück selbst: Rippenrohre, Ober- und Unterkästen, Sammelstücke, Krümmer, Schleuderrohre. (2 Biegestäbe mit der äußeren Gußhaut in der Druck- und Zugfaser.)

Da für gewöhnlich genügend Material zur Herausarbeitung von Probestäben aus dem Gußstück zur Verfügung stehen wird, so sollen auch aus solchen Probestäben in einigen Fällen Warm-Biegeversuche bis zu 400° vorgenommen werden. Der Einfluß der Dauerbelastungen ist in einigen Fällen zu verfolgen.

3. Mindestens je 2 Dauerschlagversuche aus jeder Art von Vorwärmerteilen mit Proben:

a) aus angegossenen Probekörpern;

b) aus dem Gußstück selbst.

Dauerschlagwerk „Bauart Krupp", Bärgewicht 3,142 kg, Schlaghöhe 3 cm. Probestab: Durchmesser 15 mm, Auflagelänge 100 mm, ohne Kerb.

4. In besonderen Fällen Dauerbiegeversuche mit der Schenckschen Maschine an Probestäben aus dem Gußstück selbst.

5. Prüfung der Brinellhärte an verschiedenen Stellen.

a) Kugeldurchmesser 10 mm, P = 1000 kg,

b) Kugeldurchmesser 10 mm, P = 3000 kg,

c) Kugeldurchmesser 5 mm, P = 750 kg.

Rippenrohre, Schleuderrohre, Krümmer, Ober- und Unterkästen, Sammelstücke.

6. Gegebenenfalls Härteprüfung nach Rockwell.

7. Loch-Stanz- und Loch-Scher-Versuche. Entnahmestellen und Abmessungen der Probekörper sind einheitlich zu wählen und zu vereinbaren.

C. Prüfung der chemischen Eigenschaften.

1. Feststellung des Gehaltes an C, P, S, Si, Mn, Graphit. Außerdem sind je 3 Späneproben von der gleichen Stelle von 3 verschiedenen Laboratorien auf C und Graphit zu analysieren.
2. Vergleich der Analysen mit den Analysen der Hersteller.

D. Metallographische Untersuchung.

1. Herstellung von Schliffbildern kennzeichnender Probestücke von jeder Art von Vorwärmerteilen. Bildwiedergabe in einheitlicher Vergrößerung mit Übersichtsaufnahmen unter Einzeichnung der stärker vergrößerten Stellen nebst Bericht hinsichtlich der Gefügebeschaffenheit über die ganze Wandstärke.

2. Feststellung der Porengröße an jeder Art von Vorwärmerteilen von auszuwählenden Stellen der beiden Außenflächen nach Beseitigung der Gußhaut durch Abarbeiten von Schichten.

Es soll den prüfenden Stellen überlassen bleiben, in einigen Fällen Rohre einem Wasserdruckversuch bis zum Bruch zu unterwerfen, um die tatsächliche Widerstandsfähigkeit der Rohre und die ihnen innewohnende Sicherheit festzustellen.

Die Untersuchungsergebnisse werden in 2 Ausfertigungen hergestellt, von denen eine der Besteller, die andere die Geschäftsstelle der VGB. erhält.

Sachverzeichnis.

Der Kesselbaustoff. Abriß dessen, was der Dampfkessel-Überwachungsingenieur von der Herstellung, den Eigentümlichkeiten und der Prüfweise des Baustoffs wissen muß. Anläßlich eines Lehrganges auf der Gußstahlfabrik der Fried. Krupp A.-G. gehaltene Vorträge. Von Dr.-Ing. **Max Moser.** Dritte, durchgesehene und ergänzte Auflage. Mit 143 Abbildungen. IV, 29 Seiten. 1928. RM 7.50

Richtlinien für die Anforderungen an den Werkstoff und Bau von Hochleistungsdampfkesseln. Für die Mitglieder der Vereinigung der Großkesselbesitzer als Grundlage für die Bestellung, Materialabnahme und Bauüberwachung zusammengestellt. Ausgabe Januar 1928 mit Deckblättern vom April 1929. Herausgegeben von der **Vereinigung der Großkesselbesitzer E. V.** Mit 22 Textfiguren. 70, zum großen Teil einseitig bedruckte Blätter. Unveränderter Neudruck 1929. Kartoniert RM 4.50

Die Chemie der Bau- und Betriebsstoffe des Dampfkesselwesens. Von Dipl.-Ing. **R. Stumper,** Vorsteher der chemisch-metallographischen Versuchsanstalt der Burbacher Hütte. Mit 101 Textabbildungen. XI, 309 Seiten. 1928. Gebunden RM 24.—

Brennstoff und Verbrennung. Von Dr. **D. Aufhäuser,** Inhaber der Thermochemischen Versuchsanstalt zu Hamburg.

I. Teil: Brennstoff. Mit 16 Abbildungen im Text und zahlreichen Tabellen. V, 116 Seiten. 1926. RM 4.20

II. Teil: Verbrennung. Mit 13 Abbildungen im Text. IV, 107 Seiten. 1928. RM 4.20

I. und II. Teil gebunden RM 10.—

Handbuch der Feuerungstechnik und des Dampfkesselbetriebes unter besonderer Berücksichtigung der Wärmewirtschaft. Von Dr.-Ing. **Georg Herberg,** Stuttgart, Ingenieurbüro für Kraft- und Wärmewirtschaft. Vierte, erweiterte Auflage. Mit 84 Textabbildungen, 118 Zahlentafeln sowie 54 Rechnungsbeispielen. XII, 447 Seiten 1928. Gebunden RM 23.50

Verbrennungslehre und Feuerungstechnik. Von Studienrat a. D. Oberingenieur **Franz Seufert.** Zweite, verbesserte Auflage. Mit 19 Abbildungen, 15 Zahlentafeln und vielen Berechnungsbeispielen. IV, 128 Seiten. 1923. RM 2.60

Dampfkesselfeuerungen für Braunkohle. Von Dipl.-Ing. **E. Lenhart,** Oberingenieur des Rheinischen Elektricitätswerkes im Braunkohlenrevier A.-G., Köln, Kraftwerk Fortuna. Mit 65 Textabbildungen. IV, 117 Seiten. 1928. RM 12.—; gebunden RM 13.50

Über wärmetechnische Vorgänge der Kohlenstaubfeuerung unter besonderer Berücksichtigung ihrer Verwendung für Lokomotivkessel. Von Dr.-Ing. Dipl.-Ing. **Fritz Hinz.** Mit 28 Textabbildungen. V, 77 Seiten. 1928. RM 7.50

Kohlenstaubfeuerungen. Bericht, dem Reichskohlenrat erstattet im Auftrage seines technisch-wirtschaftlichen Sachverständigen-Ausschusses für Brennstoffverwendung. Von **Hermann Bleibtreu,** Diplom-Ingenieur, Leiter der „Wärmestelle Saar" des Vereins Deutscher Eisenhüttenleute. Herausgegeben vom Reichskohlenrat. Zweite, vollständig umgearbeitete und erweiterte Auflage. Erscheint im Laufe des Sommers 1929

GPSR Compliance

The European Union's (EU) General Product Safety Regulation (GPSR) is a set of rules that requires consumer products to be safe and our obligations to ensure this.

If you have any concerns about our products, you can contact us on ProductSafety@springernature.com

In case Publisher is established outside the EU, the EU authorized representative is:

Springer Nature Customer Service Center GmbH
Europaplatz 3
69115 Heidelberg, Germany

Batch number: 10683525

Printed by Printforce, the Netherlands